Mikroskopische Untersuchungen

vorgeschrieben vom

Deutschen Arzneibuch.

Mikroskopische Untersuchungen

vorgeschrieben vom

Deutschen Arzneibuch.

Leitfaden für das mikroskopisch-pharmakognostische Praktikum
an Hochschulen und für den Selbstunterricht.

Von

Dr. Carl Mez,

a. o. Professor der Botanik an der Universität Halle.

Mit 113 vom Verfasser gezeichneten, in den Text gedruckten Figuren.

Berlin.
Verlag von Julius Springer.
1902.

ISBN-13:978-3-642-98399-3   e-ISBN-13:978-3-642-99211-7

DOI: 10.1007/978-3-642-99211-7

Softcover reprint of the hardcover 1st edition 1902

Vorwort.

Durch die vierte Ausgabe des Deutschen Arzneibuches
wurde die mikroskopische Untersuchung einer großen Anzahl von
Drogen obligatorisch gemacht. Es wurde dadurch dem Umstande
Rechnung getragen, daß die Drogen jetzt häufiger als früher in
zerschnittenem und gepulvertem Zustande im Handel sind und
daß derartige Drogenformen wesentlich mit Hilfe des Mikroskops
auf Echtheit und Reinheit geprüft werden müssen.

Die Erfahrungen des Verfassers beim pharmazeutischen
Unterricht haben ihm gezeigt, daß nicht wenige der neu vorgeschriebenen Prüfungen nur unter genauer Anleitung des häufig
mikroskopisch nicht völlig durchgebildeten Untersuchers ausgeführt werden können. Das vorliegende Büchlein enthält die
vielfach, auch von Anfängern in der Mikroskopie, erprobten An-
weisungen zur Durchführung der Untersuchungen.

Aufgenommen wurden nur diejenigen Drogen, deren vom
Arzneibuch angegebene Merkmale notwendig mit dem Mikroskop
geprüft werden müssen. Dagegen wurde alles weggelassen, zu
dessen Erkennung die Lupe genügt.

Als Aufgabe der Untersuchung wurde die betreffende Vorschrift des Arzneibuches an die Spitze jedes Abschnittes gestellt;
zur Ausführung dieser Vorschrift werden die einfachsten und sichersten Wege beschrieben. Dagegen wurde es der wünschenswerten
Kürze des Buches wegen mit Absicht vermieden, andere als die
obligatorisch gemachten Merkmale in den Kreis der Betrachtung
zu ziehen.

Besonders berücksichtigt wurde, daß es nicht darauf ankam,
Anleitung zur Prüfung besonders schöner und leicht präparier-
barer Sammlungsstücke, sondern der im Handel befindlichen

Durchschnittsware von Drogen und Drogenpulvern zu geben. Dabei wurde Verfasser in dankenswerter Weise durch die Herren Caesar & Loretz in Halle unterstützt, welche ihm sämtliche gegenwärtig gehandelten Drogenformen zur Verfügung stellten.

Große Sorgfalt wurde darauf verwendet, in den reichlich beigegebenen Abbildungen nicht nur alle zur Prüfung vorgeschriebenen Merkmale erschöpfend darzustellen, sondern auch naturgetreue, nicht schematische Darstellungen der mikroskopischen Bilder zur Anschauung zu bringen.

Wenn es dem Verfasser gelingt, die vielfach noch vernachlässigten Vorschriften des Arzneibuches über mikroskopische Drogenuntersuchungen in die pharmazeutische Praxis wirklich einführen zu helfen, so ist der Zweck des vorliegenden Büchleins erfüllt.

Halle, den 15. September 1902.

Dr. Carl Mez.

Zur mikroskopischen Drogen-Untersuchung nötige Reagentien.

Alkannatinktur. — Käufliches Alkannin wird in absolutem Alkohol gelöst, mit dem gleichen Volum Wasser verdünnt und filtriert.

Alkohol 95 %.

Chloralhydrat. — Konzentrierte wässerige Lösung.

Eau de Javelle. — Käufliche Lösung von Kaliumhypochlorit.

Glycerin, konzentriert.

      „   verdünnt mit gleichem Volum Wasser.

Jodlösung. — Lösung von Jodkalium 1 gr in Wasser 100 gr, mit Zusatz von 0,3 gr kristallisiertem Jod.

Kali, chlorsaures.

Kalilauge. — Herzustellen durch Auflösen von Kali caust. fusum 33 gr in Wasser 67 gr.

Phloroglucin. — Alkoholische, konzentrierte Lösung.

Salpetersäure, konzentrierte.

Salzsäure, konzentrierte.

      „   verdünnt 1 : 9 Wasser.

Schwefelsäure, konzentrierte.

Tusche, chinesische, in käuflichen Stücken.

Aloë. — Aloë.

Aloë stellt eine dunkelbraune Masse von eigentümlichem Geruch und bitterem Geschmack dar, welche leicht in großmuschelige, glasglänzende Stücke und in scharfkantige, rötliche bis hellbraune, durchsichtige Splitterchen zerbricht, **die sich bei mikroskopischer Betrachtung nicht als kristallinisch erweisen.**

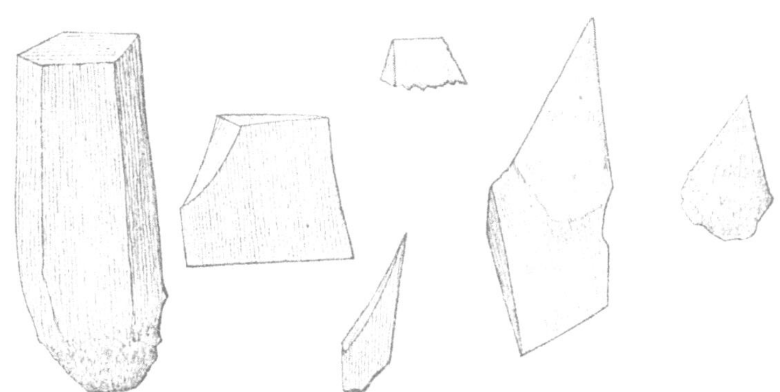

Fig. 1. **Aloë lucida.** Vergr. $^{115}/_1$. — Es wurden möglichst kristallähnliche Splitter der amorphen Aloë abgebildet.

Offizinell ist die Aloë capensis (= Aloë lucida). Sie wird in ganzen Stücken (naturalis), sowie als Pulvis grossus (Sieb 4—5) und Pulvis subtilis (Sieb 6) gehandelt.

Untersuchung der Aloë in Stücken. Da die kleinen Aloë-Splitter sich sehr rasch in Wasser lösen, ist es zweckmäßig, dieselben trocken oder in konz. Glycerin zu untersuchen. Man nimmt einen Splitter der Droge, zerdrückt ihn auf dem Objektträger mit dem Skalpell und schleudert durch rasches Schwenken die großen Fragmente, welche das glatte Aufliegen des Deckglases stören würden, ab. Dann legt man das Präparat entweder so wie es ist unter das Mikroskop, oder man setzt einen Tropfen konz. Glycerin zu, bedeckt mit dem Deckglas und betrachtet so.

Ist die Aloë **amorph** (Fig. 1), so sieht man bei 100 facher Vergrößerung glasartige Splitter, welche, je nach ihrer Größe, fast farblos bis dunkelgelb sind. Diese Splitter haben sehr spitze Ecken und scharfe (nicht gekörnte) Kanten; besonders bei Betrachtung in Luft sieht man reichlich feine Linien und Spalten in diesen Splitterchen. Trotz ihrem sehr vielfach durchaus kristallartigen Aussehen, welches von den scharfen Ecken und Kanten der glasartig brechenden Masse herkommt, ist solche Aloë nicht kristallinisch; man verwechsle die Bruchstücke nicht mit Kristallen.

Kristallinische Aloë (Fig. 2) sieht bei 100 facher Vergrößerung in Luft oder Glycerin anders aus. Die Splitter sind dunkler (auch die

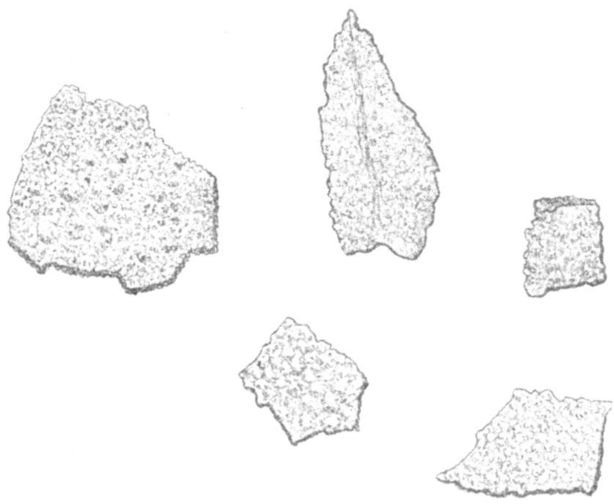

Fig. 2. **Aloë hepatica**. Vergr. $^{115}/_1$.

kleinsten deutlich gelb, die größern gelbbraun) gefärbt; sie haben nicht so spitzige Ecken; die Kanten sind häufig fein gekörnt. Linien sind nicht, Spalten nur selten zu sehen, dagegen ist die ganze Masse der Splitter von körnigem, wolkigem oder schwammigem Aussehen.

Sehr instruktiv ist das Glycerinpräparat in seinem Aussehen nach $^1/_2$ stündiger Einwirkung des konz. Glycerins auf die Splitter. Dann sieht man bei **amorpher Aloë** (lucida sive capensis) zwar abgeschmolzene, aber immer noch homogene Splitter, bei **kristallinischer Aloë** (hepatica) dagegen mehr oder weniger deutliche Körnerhaufen.

Untersuchung der offizinellen Aloë (lucida)-Pulver. — Für die Untersuchung der Pulver ist Anwendung stärkerer Vergrößerung (etwa 200 fach) zu empfehlen; das Einlegen in konz. Glycerin wird hier notwendig, weil bei den fein zerteilten Pulvern die größte

Menge der Präparat-Bestandteile infolge der Lichtreflexion, in Luft betrachtet, undifferenziert und schwarz aussieht. Man stellt die Präparate her, indem man auf einen Tropfen Glycerin vom pulvis grossus weniger, vom pulvis subtilis mehr mit dem Skalpell bringt, das Deckglas auflegt und dann durch Fingerdruck das Pulver möglichst gleichmäßig in der Flüssigkeit verteilt.

a) **Pulvis grossus** (Sieb 4—5). Meist deutlich gelbe Splitter, welche der oben gegebenen Beschreibung entsprechen, abgesehen davon, dass die Ecken weniger spitz sind; die Kanten sind stets scharf; die Linien sind im Glycerinpräparat nur ausnahmsweise zu sehen, dagegen die Spalten meist sehr deutlich.

b) **Pulvis subtilis** (Sieb 6). Fast farblose oder hellgelbe Splitter ohne lang ausgezogene spitze Ecken, mit scharfen Kanten, im Innern homogen, im Glycerinpräparat fast stets ohne Linien oder Spalten. Die Splitter schmelzen sehr rasch ab, weswegen man sich mit der Betrachtung des Präparats beeile; im Zentrum je eines gelben Hofes liegt ein mehr oder weniger kugelig werdender homogener (nicht gekörnter) Körper.

Amygdalae amarae et dulces. — Mandeln.

Ihre Samenschale ist braun, **außen durch leicht abfallende, dickwandige Epidermiszellen** schülferig und wird von zahlreichen Leitbündeln durchzogen, welche von der Chalaza ausgehen.

Mandeln werden nur unzerkleinert gehandelt; für die Herstellung von Aqua amygdalarum amararum ist dagegen der bei der Mandelölgewinnung rückständige Presskuchen in pulverisiertem Zustand (pulvis placentae amygdalarum) im Handel.

Untersuchung der unzerkleinerten Mandeln. — Die vom Arzneibuch erwähnten Epidermis-Schülfer sind schon mit unbewaffnetem Auge als braune Punkte sichtbar. Um sie zu untersuchen, schabt man eine Anzahl derselben mit dem Skalpell auf den Objektträger ab, fügt einen Tropfen Chloralhydrat zu, bedeckt mit Deckglas und betrachtet bei etwa 100facher Vergrößerung. Im Präparat (Fig. 3) liegen zahlreiche, hellgelbliche, durch ihre partielle, feine Tüpfelung charakterisierte Fragmente, sowie auch ganze Zellen, welche die dicken Wandungen, sowie in ihrem unteren Teil die Tüpfelung sofort erkennen lassen.

Die Chalaza ist der große, rundliche Fleck, welcher am dicken Ende des Samens ein wenig seitlich belegen sich findet. Besonders an den in heißem Wasser eingeweichten und noch nassen Mandeln tritt sie unverkennbar hervor. Die von der Chalaza ausgehenden Nerven sind gleichfalls mit unbewaffnetem Auge an den eingeweichten Samen sichtbar; sollten sie nicht sofort bemerkt werden, so ziehe man die braune Haut ab und betrachte dieselbe gegen das Licht.

Untersuchung des Pulvis placentae amygdalarum. — Dies Pulver ist als **pulvis grossus pro aqua** im Handel und hat gelblichgraue Farbe. Schon mit unbewaffnetem Auge, noch besser mit der Lupe sieht man in ihm braune Punkte, welche aus Fetzen der Samen-

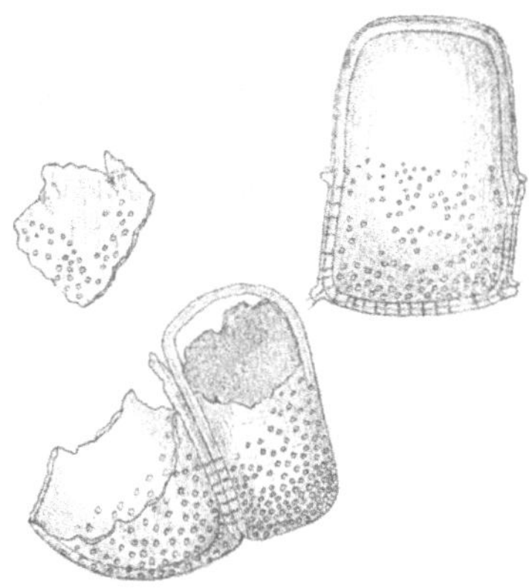

Fig. 3. **Amygdalae.** Vergr. 165/1. Braune, dickwandige Epidermis-Zellen.

schale bestehen. Das Untersuchungs-Präparat wird hergestellt, indem man wenig von dem Pulver in Chloralhydrat einlegt und darin bei 100facher Vergrößerung betrachtet. Die Epidermiszellen sind teils abgelöst zwischen den weißen Gewebetrümmern des Embryo zerstreut, auch sehr häufig zerbrochen, teils sitzen sie den braunen Schollen der Samenschale auf. Sie sind sowohl an der gelben bis braunen Farbe wie auch an der Tüpfelung leicht erkennbar. — Da die **placenta amygdalarum** meist größtenteils aus den Resten der Kerne von Pfirsich und andern **Prunus**-Arten besteht, zeigen die Epidermiszellen nicht immer die bei der Mandel gewöhnliche Form. Eine sichere Bestimmung der einzelnen **Prunus**-Spezies soll aber nach *Wittmacks* Angabe mit Hilfe der Form der Epidermis-Zellen sich nicht ermöglichen und ist im **pulvis placentae amygdalarum** nicht ausführbar.

Amylum Tritici. — Weizenstärke.

Weizenstärke besteht der Hauptsache nach aus undeutlich konzentrisch geschichteten, 0,015 bis 0,045 mm breiten, unregelmäßig linsenförmigen Körnern und aus kleineren, meist rundlichen, selten etwas eckigen oder spindelförmigen, einen Durchmesser von 0,002 bis 0,008 mm besitzenden Körnchen. Viel seltener sind Körnchen zu beobachten, welche nach Größe und Form Übergänge zwischen beiden Arten bilden.

Die offizinelle Weizenstärke wird auf nassem Weg hergestellt und als feinstes Mehl gehandelt.

Fig. 4. **Amylum Tritici.** Vergr. $^{280}/_1$. — Bei a Korn in der Seitenansicht; b gequetschtes Korn; c Korn mit sichtbarer Schichtung.

Untersuchung des Amylum Tritici. — Weizenstärke kann in Wasser untersucht werden; es ist zweckmäßig, ungefähr 350 fache Vergrößerung anzuwenden.

Beim Betrachten des Präparats (Fig. 4) sieht man die Stärkekörner als farblose, stark lichtbrechende Körper. Der Unterschied zwischen den großen („Großkörner") und kleinen Körnern („Kleinkörner") ist sofort erkennbar, da man auch bei langem Durchmustern eines Präparats kaum Zwischenformen findet. Beide Körnerarten sind im Arzneibuch zutreffend beschrieben, nur sieht man allermeist die Schichtung der Großkörner nicht. Diese Schichtung ist nicht „undeutlich", sondern nur in seltenen Ausnahmefällen ohne Anwendung von Reagentien beobachtbar; sie kann dadurch zur Anschauung gebracht werden, daß man Kalilauge dem Wasserpräparat vom Rand des Deckglases her zufließen läßt. Im Moment der beginnenden Einwirkung der Lauge, bevor die Stärkekörner zu formlosen Kleistermassen verändert werden, pflegt für einen Augenblick ihre Schichtung deutlich sichtbar zu werden; dagegen hebt sie schwache Jodlösung kaum hervor.

Die linsenförmige, abgeplattete Gestalt der Großkörner wird beobachtet, indem man, während man in das Okular sieht, das Deckglas mit einer Nadel schiebt und dadurch die Stärkekörner rollt.

Das Messen der Körner erfolgt zweckmäßig durch Anwendung des Zeichenapparats, indem man eine Anzahl möglichst verschiedener Groß- resp. Kleinkörner in der Ebene des Tisches zeichnet, dann die Skala eines Objektivmikrometers an Stelle des Präparats auf den Objekttisch legt und bei gleicher Vergrößerung ebenfalls in der Ebene des Tisches zeichnet. Diese Zeichnung der Skala kann dann als ein- für allemal für die gleiche Vergrößerung anwendbarer Maßstab benützt werden.

Die im Arzneibuch für die Großkörner angegebenen Zahlen sind insofern unrichtig, als Größen über 0,04 mm zu den äußersten Seltenheiten gehören; der Durchmesser der Weizen-Großkörner beträgt meist 0,02—0,035 mm.

Bulbus Scillae. — Meerzwiebel.

Die Epidermis beider Seiten der Zwiebelschale besitzt Spaltöffnungen. Das Mesophyll besteht hauptsächlich aus fast kugeligen, stärkefreien Zellen, enthält zahlreiche Raphidenzellen und umschließt parallel verlaufende kollaterale Leitbündel.

Das an nadelförmigen Oxalatkristallen reiche Pulver der Meerzwiebel darf nur wenige Stärkekörner und keine Sklerenchymelemente enthalten.

———

Bulbus Scillae ist im Handel in ganzen, frischen Zwiebeln (welche aber nicht offizinell sind, bulbus recens) sowie getrocknet a) in (gewöhnlich 5—10 cm lange) Streifen geschnitten, b) geschnitten (concisus, Sieb 1), c) als Pulver (pulvis subtilis, Sieb 5—6); die Form als pulvis grossus kommt kaum vor.

Untersuchung des Bulbus Scillae in Streifen. — Die Epidermis wird auf ihre Spaltöffnungen in der Weise untersucht, daß man einige Streifen in Wasser 5—10 Minuten lang kocht. Dann schneidet man mit dem Skalpell flach ein, drückt den angeschnittenen Gewebelappen mit dem Daumen gegen das Messer und zieht ein Stückchen der glashellen Oberhaut ab. Ebenso verfährt man auf der anderen Seite der Droge. Die abgezogenen Epidermis-Fetzen betrachtet man in Wasser bei etwa 100 facher Vergrösserung (Fig. 5). Manchmal sind die Spaltöffnungen nicht häufig und es können mehrere Gesichtsfelder abgesucht werden, bis man eine findet. Sie markieren sich sofort, gewöhnlich schon durch eine Luftblase, welche im Spalt sitzt.

Um Mesophyll, Raphiden und Gefäßbündel zu untersuchen, muß die Droge geschnitten werden; da die Kollateralität der Gefäßbündel konstatiert werden soll (was für die Erkennung der Droge allerdings keine große Bedeutung hat), werden die Schnitte am besten als genaue Querschnitte angelegt.

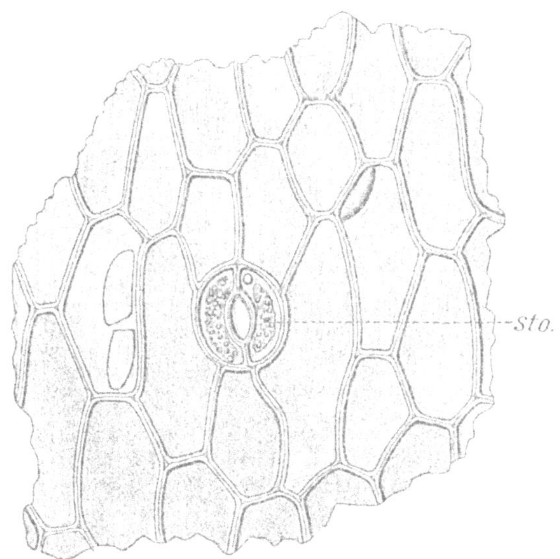

Fig. 5. **Bulbus Scillae.** Vergr. 130/1. Abgezogene Epidermis, bei sto. Spaltöffnung.

Man sucht zu diesem Zweck an dem zu schneidenden Stück der Droge mit der Lupe den Verlauf der (besonders gegen das Licht gehalten deutlich durchscheinenden) parallelen Nerven und macht mit dem Rasiermesser feine Querschnitte (Fig. 6). Sollte die Droge soviel Feuchtigkeit angezogen haben, daß sie im Innern klebrig oder gar breiig ist, so muß sie vor dem Schneiden getrocknet werden. — Die Schnitte werden in Wasser oder verd. Glycerin betrachtet; schwache Vergrösserung (100 fach) genügt.

Die große Masse des Schnitts wird von den ungefähr kugeligen Parenchymzellen gebildet. Die Raphiden sind auf genau quer geführten Schnitten meist zerschnitten, weil sie in der Längsrichtung des Blattes

liegen; sie markieren sich als schwärzliche Garben von Nadeln. Daß
die Gefäßbündel kollateral gebaut sind, erkennt man mit vollkommener
Sicherheit nicht an allen aus der Droge hergestellten Schnitten. Die
Gefäße sind zwar sofort kenntlich, aber der oft von dem Holzteil durch

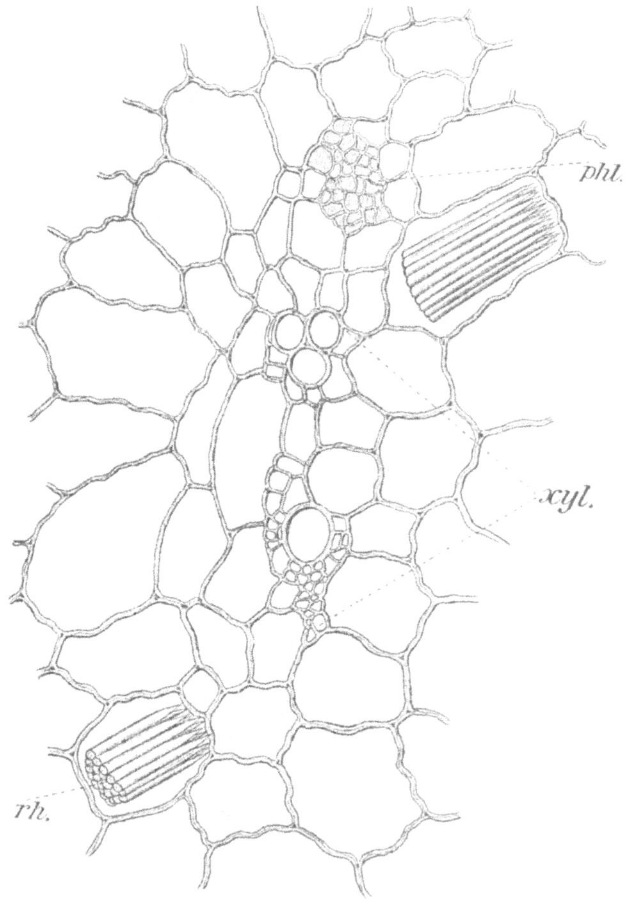

Fig. 6. **Bulbus Scillae.** Vergr. $^{200}/_1$. Von Mesophyll umgebenes Gefäßbündel;
xyl. Xylem; phl. Phloëm; rh. durchschnittene Raphidenbündel.

Parenchymzellen etwas getrennte Siebteil ist nicht so deutlich. Der-
selbe zeichnet sich durch etwas dunkleren, grauen Inhalt seiner kleinen
Zellen aus; mit diesem Merkmal zur Erkennung kann man sich begnügen und braucht den strikten Nachweis von Siebröhren nicht zu
führen.

Zum Schluß sei dem Schnitt von der Seite her etwas Jodlösung zugefügt. Die Parenchymzellen sind stärkefrei, dagegen bläuen resp. schwärzen sich einige kleine Stärkekörnchen, welche in den kleinen Zellen in der Umgebung der Gefäße liegen.

Untersuchung des Bulbus Scillae concisus. — In dieser Form stellt die Droge gelbliche, flache Stückchen von 4—7 mm Länge und etwas geringerer Breite dar. Sie kann wie die Streifenform der Droge untersucht werden.

Untersuchung des Pulvers. — Das Pulver des Handels ist hell gelblich. Es wird in Wasser oder verd. Glycerin untersucht; nur die Stärkekörner müssen bei etwa 300facher Vergrößerung aufgesucht werden, für die übrigen Elemente genügt Vergrößerung 100 durchaus. — Auch im Pulver bewahren die auffälligen Raphidengarben meistens ihren Zusammenhang; sonst sind von leicht kenntlichen Bestandteilen noch Stucke der Spiraltracheen und tafelförmige Epidermis-Zellen bemerkenswert. Das Parenchym dagegen ist im Pulver meist völlig zerrieben. — Um die Stärke zu finden, wird Jodlösung dem Präparat zugesetzt, welche bis auf die farblos bleibenden Raphiden und die blauschwarz werdenden einfachen, kleinen, sehr seltenen Stärkekörner alle Teile des Pulvers gelb färbt.

Caryophylli. — Gewürznelken.

Besonders der Fruchtknoten und der Kelch enthalten **große, rundliche Sekretbehälter,** aus denen schon ätherisches Öl austritt, wenn man die Droge mit dem Fingernagel drückt.

———

Gewürznelken werden gehandelt als ganze Nelken (Caryophylli naturales), geschnittene Nelken (C. concisi Sieb 1), sowie als pulvis grossus (Sieb 4—5) und pulvis subtilis (Sieb 6).

Untersuchung der ganzen Nelken. — Präparationsschwierigkeiten sind nicht vorhanden. Die Ölräume erkennt ein gutes Auge auf den Schnitten besonders durch den „Stiel" der Nelken schon ohne Glas, jedenfalls aber sind sie mit der Lupe deutlich zu sehen. Um die mikroskopische Untersuchung der Pulver vorzubereiten, empfiehlt es sich, die Schnitte besonders durch den „Stiel" (Fig. 7) als den voluminösesten Teil der Droge anzulegen. Ganz schwache Vergrößerung (50fach) genügt für deren Studium.

Untersuchung der Caryophylli concisi. — Geschnittene

Nelken bestehen aus unregelmäßigen, durchschnittlich 3—4 mm langen
und etwas schmäleren Fragmenten, an welchen die Lupe gleichfalls
leicht die Ölräume zeigt.   Mikroskopische Präparate werden leicht erzielt, indem man die Droge zwischen Hollundermark schneidet.

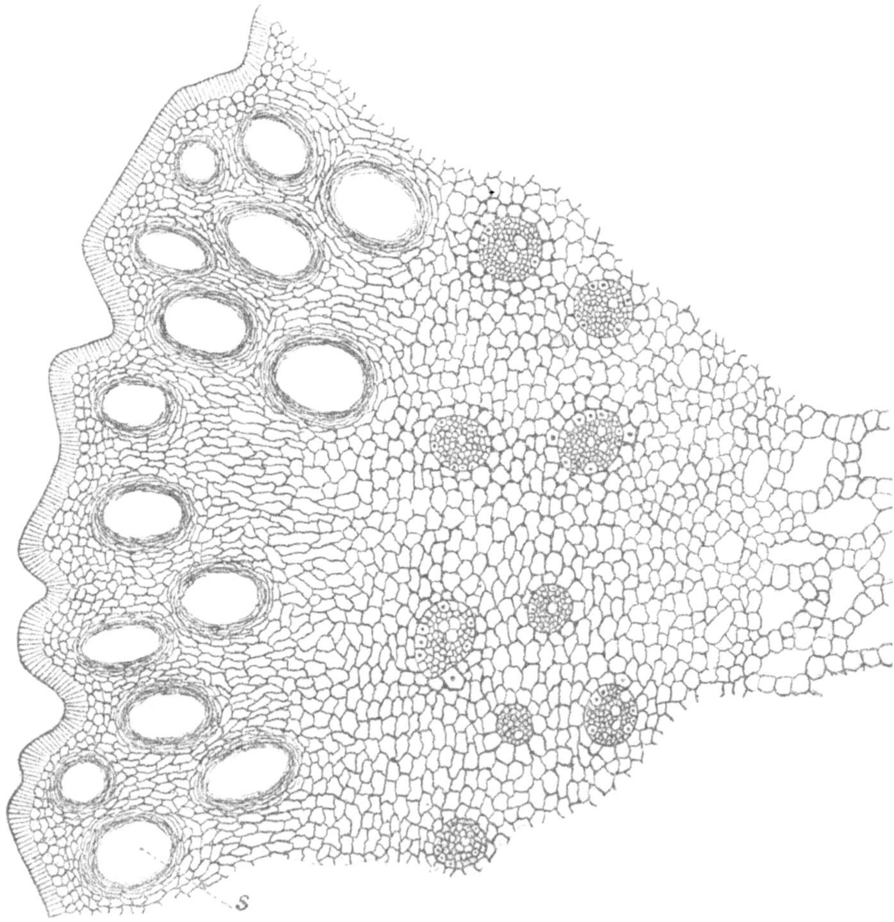

Fig. 7. **Caryophylli.** Vergr. 115/1. Querschnitt durch den äußeren Teil des Stiels.
s Sekretbehälter.

Untersuchung gepulverter Nelken. — Im dunkler braunen
pulvis grossus läßt die Lupe rundliche dunkle Körner in großer
Menge erkennen, während dieselben im pulvis subtilis zurücktreten.
Die Pulver werden in einen Tropfen Chloralhydrat gebracht und darin
betrachtet. Ölräume in ihrer charakteristischen Form als rundliche,

tief braune Körper finden sich, eingehüllt in das wirre Wandgewebe, entweder reinlich ausgeschält oder mit anhängendem, benachbartem Parenchymgewebe in beiden Pulvern, besonders reichlich im gröbern. Helle balkenförmige oder unregelmäßig zerrissene Stückchen in geringer Menge stammen von der dicken Aussenwand der Epidermis; Spaltöffnungen an denselben zu finden gelingt nur in seltenen Ausnahmefällen. Die kleinen Gefäßbündel der Droge sind durch ihre feinen Spiralgefäße leicht kenntlich und erscheinen im pulvis grossus als kurze meist rechteckige Splitter mehr oder weniger im Zusammenhang, beim pulvis subtilis sind sie in kleinere Teile, oft bis zu isolierten Spiralgefäßen, zerrissen. In beiden Pulvern finden sich vereinzelt, aber nicht selten, dünne (bis 400 µ lange, bis 45 µ dicke) Sklerenchymfasern. Glatte Pollenkörner von ungefähr kugeliger Gestalt, aus deren tetraëdrisch gestellten Poren mit Hilfe von konz. Schwefelsäure leicht das Hervorkommen der Intine mit Inhalt bewirkt werden kann, sind nicht selten, werden aber meist erst mit stärkerer Vergrößerung (ca. 300fach) entdeckt. Das schwammige Parenchym der Innenteile des „Stiels" ist in beiden Pulverformen so zerrissen, daß es kaum zur Anschauung kommt, das übrige kompakte Parenchym dagegen bildet mit den Ölräumen die Hauptmasse des Pulvers. — Steinzellen und Stärke sollen fehlen. Die von einigen Autoren hervorgehobenen kleinen Drusen von Kalkoxalat werden in den Präparaten fast nur in Gewebefetzen, welche Bestandteile der Gefäßbündel enthalten, in reihenweiser Anordnung getroffen, in den feiner gemahlenen Partien verschwinden sie dem Auge fast vollständig und müssen mit Hilfe des Polarisationsapparates gesucht werden. Größere, ohne weiteres sichtbare kristallische Splitter rühren von Verunreinigungen her.

Catechu. — Katechu.

Mit Glycerin angerieben, erscheint Katechu bei 200 facher Vergrößerung kristallinisch.

Katechu wird in den beiden Sorten Pegu- und Gambir-Katechu je sowohl in Stücken (resp. Würfeln), wie auch als Pulver (pulvis grossus und pulvis subtilis) gehandelt.

Die vom Arzneibuch vorgeschriebene Verreibung des Katechu sei in konzentriertem Glycerin hergestellt; die Beachtung der Vergrößerungsangabe ist wichtig, weil die kristallinische Struktur meist bei schwacher Vergrößerung nicht sichtbar ist. Unbedenklich können natürlich Vergrößerungen über 200fach angewandt werden.

Untersuchung der Stückdroge. — Beim Verreiben mit Glycerin entstehen scharfkantige Splitter (Fig. 8), welche beim Gambir-Catechu bei den angegebenen Vergrößerungen im Innern nicht homogen erscheinen. Der kristallinische Bau wird meist durch (nicht selten nesterweise um Zentren geordnete) feinste, kurze Striche, seltener durch Punkte dargestellt. — Amorphes Katechu (alle von mir untersuchten Proben der Pegu-Sorte gehörten dazu) zeigt gelbliche oder

Fig. 8. **Gambir-Catechu.** Vergr. $^{210}/_1$.

gelbe, im Innern homogene und weder punktierte noch gestrichelte Splitter.

Untersuchung der Pulver. — Die Pulver der beiden Sorten unterscheiden sich makroskopisch sehr durch ihre Farbe: Gambir-Katechu liefert ein helles, lehmbraunes, Pegu-Katechu dagegen ein dunkel schokoladenbraunes Pulver.

Sowohl pulvis grossus (Sieb 4—5) wie pulvis subtilis (Sieb 6) sind soweit zerkleinert, daß sie in Glycerin ohne weiteres betrachtet werden können. Abgesehen von den Katechu-Splittern begegnet man in ihnen nicht selten Gewebefetzen mit deutlicher Zellstruktur. Dieselben rühren von *Dipterocarpus*- (Pegu-Sorte) oder *Uruparia*- (Gambir-Sorte) Blättern her. Die schon bei schwacher Vergrößerung sichtbare Zellstruktur dieser Fragmente darf natürlich nicht mit der erst bei stärkerer Vergrößerung sichtbaren kristallinischen Struktur der Katechu-Splitter verwechselt werden.

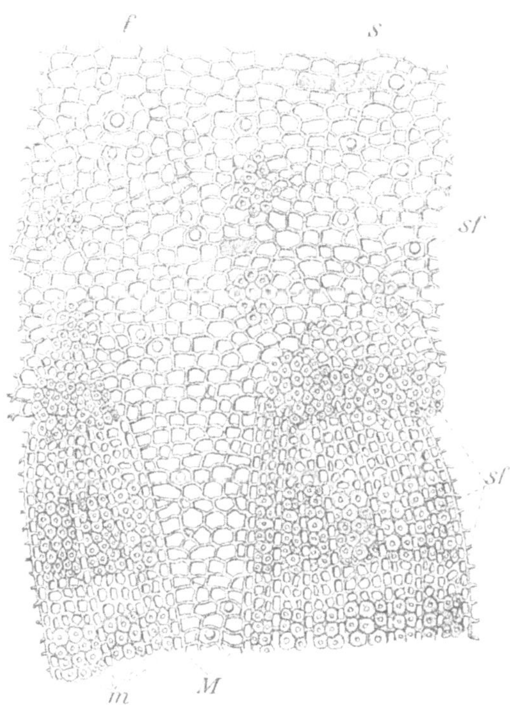

Fig. 9. **Cortex Cascarillae.** Vergr. $^{125}/_1$. — Querschnitt durch die Rinde. f Fettartige Tropfen; s Sekretzellen; sf Sklerenchymfasern; M primärer Markstrahl; m sekundäre Markstrahlen.

Cortex Cascarillae. — Kaskarillrinde.

In dem Gewebe der Rinde sind schlanke Sklerenchymfasern, jedoch keine Steinzellen enthalten.

Kaskarillrinde kommt im Handel vor als ganze Droge (bestehend aus bis 10 cm langen, federkiel- bis bleistiftdicken Stücken), in der geschnittenen Form (Sieb 1, unregelmäßig rechteckige Plättchen von ungefähr 3 mm Länge und etwas größerer Breite), sowie als pulvis grossus (Sieb 4—5) und pulvis subtilis (Sieb 6).

Untersuchung der ganzen Droge. — Die Menge der in der Rinde vorhandenen Sklerenchymzellen, deren Konstatierung das Arzneibuch vorschreibt, ist eine sehr wechselnde. Man kann Sorten in die

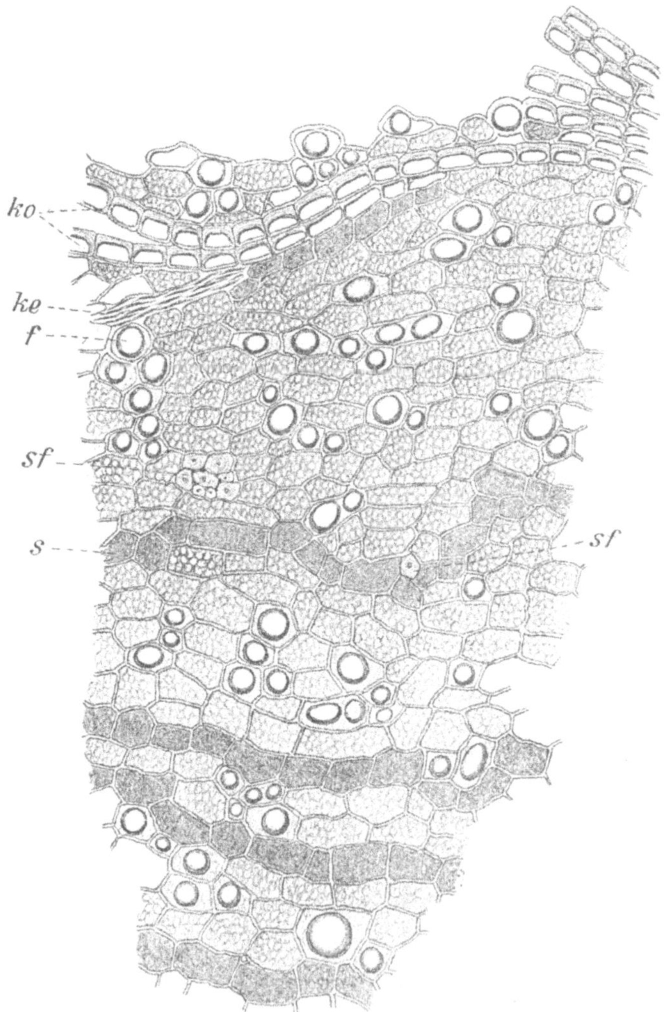

Fig. 10. **Cortex Cascarillae.** Vergr. $^{250}/_1$. — Querschnitt durch die Rinde. ko Kork; ke Hornprosenchym; f Fettartige Tropfen; sf Sklerenchymfasern; s Sekretzellen.

Hand bekommen, an denen man auf den ersten Blick die massenhaft vorhandenen Sklerenchymfasern findet; bei andern, und zwar sehr hochwertigen, sind diese Elemente öfters so selten, dass man sie auf vielen

Schnitten vergeblich sucht. — Bei Schnittpräparaten ist naturgemäß die größte Wahrscheinlichkeit vorhanden, die Sklerenchymfasern auf Querschnitten zu finden. Um sicher zu gehen vor der Verwechselung der Faserquerschnitte mit den großen fettartigen Tropfen, welche massenhaft in der Rinde vorkommen und infolge ihres starken Lichtbrechungsvermögens jenen ähnlich sind, wende man in den Fällen, wo die Fasern selten sind, die Phloroglucin-Salzsäure-Reaktion an:

Man schneidet von der trockenen Droge feine Querschnitte ab, legt dieselben auf den Objektträger, bedeckt mit einem Tropfen Phloro-

Fig. 11. **Cortex Cascarillae.** Vergr. $^{250}/_1$. — Durch Maceration der Rinde gewonnene Sklerenchymfasern.

glucin-Lösung und läßt eintrocknen. Dann fügt man einen Tropfen verdünnter Salzsäure zu, bedeckt mit dem Deckglas und betrachtet. — Die Sklerenchymfasern resp. Fasergruppen sind nun die einzigen deutlich ziegelrot gefärbten Elemente im Präparat und werden, wenn sie vorhanden sind, leicht aufgefunden.

Bei einer dünnen, faserig brechenden Droge, welche von Nordamerika eingeführt wird, zeigt nun der Querschnitt (Fig. 9) im Innenteil der Rinde massenhafte, in etwas keilförmige Gruppen gestellte Sklerenchymelemente.

Die fetten, dicken Drogen dagegen zeigen auf dem Querschnitt (Fig. 10) meist nur sehr vereinzelte Gruppen der durchschnittenen, geschichteten Fasern.

Da nun die faserarmen Rinden auch im Querschnitte keine absolute Sicherheit bieten, das vom Arzneibuch vorgeschriebene Merkmal wirklich in allen Proben echter Kaskarill-Rinde zu finden, muß bei negativem Ausfall der Querschnittsdurchmusterung das Macerationsverfahren angewandt werden. Man verfährt dabei folgendermaßen:

Einige Stückchen der Droge, etwa 0,5 cm lang und 1—2 mm breit, werden drei Minuten lang in konz. Salpetersäure, welcher einige Körnchen Kalichlorat beigesetzt sind, gekocht. Dadurch isolieren sich die Zellen und die ganzen Stückchen können leicht zerfasert werden. Die noch kochende Säure gießt man samt Droge in ein Glas Wasser, spült darin die Drogenstückchen ab, nimmt eines derselben heraus und zerfasert es unter Zuhilfenahme von zwei Nadeln vollständig. Dann wendet man die Phloroglucin-Salzsäure-Reaktion, wie soeben beschrieben, an und sucht nach langen, ziegelrot gefärbten Fasern (Fig. 11). — Beim Betrachten des macerierten Präparats sieht man allermeist zartwandige, langgestreckte Elemente mit teilweise starken Inhaltstropfen oder gekörntem Inhalt. Ferner fallen meist langgestreckte, dunkelbraune Sekretzellen auf. Sklerenchymfaserähnliche Elemente, welche aber nicht rot gefärbt sind, gehören dem Hornprosenchym der Rinde an. Wirklich unzweifelhaft rot gefärbte Fasern, eben die gesuchten Sklerenchymfasern, findet man in vielen Fällen nur wenige.

Untersuchung der geschnittenen Droge. — Die Stückchen der geschnittenen Rinde sind für das Macerationsverfahren ohne weiteres geeignet; auch Querschnitte lassen sich aus denselben sehr leicht anfertigen, wenn man sie zwischen Kork klemmt. Nur achte man, um wirklich Querschnitte zu bekommen, auf die mit der Lupe deutlich sichtbare Längsrichtung der Rindenelemente und schneide darauf senkrecht.

Untersuchung der Pulver. — Sowohl pulvis subtilis wie grossus sind ohne weiteres mit Phloroglucin-Salzsäure auf die Sklerenchymfasern prüfbar. Zu bemerken ist, daß besonders im pulvis subtilis die Fasern vielfach in so kleine Stückchen zerbrochen sind, daß man die Fragmente leicht für Steinzellen halten möchte. Starke Vergrößerung (350fach) zeigt aber, daß die fraglichen Fragmente nicht oder nur sehr fein getüpfelt sind, jedenfalls nicht die den allermeisten Steinzellen eigene starke Tüpfelung aufweisen.

Cortex Chinae. — Chinarinde.

Der Querschnitt läßt bei mikroskopischer Betrachtung eine aus dünnwandigen, mehr oder weniger mit braunen Massen gefüllten Zellen

bestehende Korkschicht erkennen. Die primäre Rinde enthält Milchsaft=
schläuche und nur an ihrer Innengrenze Sklerenchymfasern, sonst aber
keine Sklerenchymzellen. Die sekundäre Rinde zeigt 1—3 Zellen breite,
sekundäre Markstrahlen, ihre Rindenstränge sind durch einzeln stehende
oder zu Radialreihen oder kleinen Gruppen angeordnete, spindelförmige
Sklerenchymfasern ausgezeichnet. Letztere sind ungefähr 0,5—0,8 mm
lang und ungefähr 0,05 mm dick.

Chinarindenpulver darf nur die braunen Bestandteile der Kork=
und Parenchymzellen sowie der Siebröhren, Milchsaftschläuche und
Sklerenchymzellen, die rundlichen Stärkekörner und den äußerst feinen
Kristallsand der Oxalatzellen der Droge enthalten.

Die offizinelle Chinarinde (Cortex Chinae succirubrae) ist
in folgenden Formen im Handel: in ganzen Stücken (cortex
naturalis), geschnitten Sieb 1 (electim concisus), geschnitten
Sieb 3 (minutim concisus), geraspelt Sieb 4 (pulvis grossus
ohne die auf Grösse Sieb 5 entfallenden Pulverbestandteile), pulvis
grossus (Sieb 4—5), pulvis subtilis (Sieb 6).

Untersuchung der unzerkleinerten Rinde. — Um den vom
Arzneibuch geforderten Überblick über Korkschicht, primäre und sekundäre Rinde zu gewinnen, sind Querschnitte nötig. Man lege mit
dem Skalpell zunächst eine glatte Schnittfläche an, befeuchte diese mit
einem kleinen Tropfen Wasser und mache, wenn das Wasser einge-
zogen ist, feine Querschnitte. Da die Rinde sehr bröckelig ist, bekommt man keine grossen Schnitte, doch schadet dies nichts. Um
das Präparat aufzuhellen, setze man einen Tropfen Kalilauge vom
Rand des Deckglases aus zu. Dies Reagens ändert an den Farben
nur wenig, läßt sie etwas abblassen. Insbesondere die tief dunkle
Korkschicht tritt im Kalipräparat sehr charakteristisch hervor (Fig. 12).
Die Grenze von primärer und sekundärer Rinde ist dort, wo die Markstrahlen beginnen; diese gehören nur der sekundären Rinde an. Die
bezeichnete Grenze liegt etwas tiefer als die Sklerenchymfasern
der primären Rinde, welche dünner sind als die der sekundären und
zerstreut liegen.

Die Milchsaftelemente der primären Rinde sind auf dem Querschnitt nicht immer leicht mit voller Sicherheit zu erkennen; man
achte auf relativ große oder gruppenweise beisammenliegende Zellen,
um sie zu finden. Das Aufsuchen der Siebröhren ist eine Anforderung,
welcher nur vereinzelte Pharmazeuten gewachsen sein dürften und hat
für die Praxis geringe Bedeutung. Dagegen markieren sich die
Kristallsand von Kalkoxalat enthaltenden Zellen gut durch ihren

schwärzlich-griesigen Inhalt. Um sie in jedem Präparat zu finden, be-
nütze man den Polarisationsapparat.

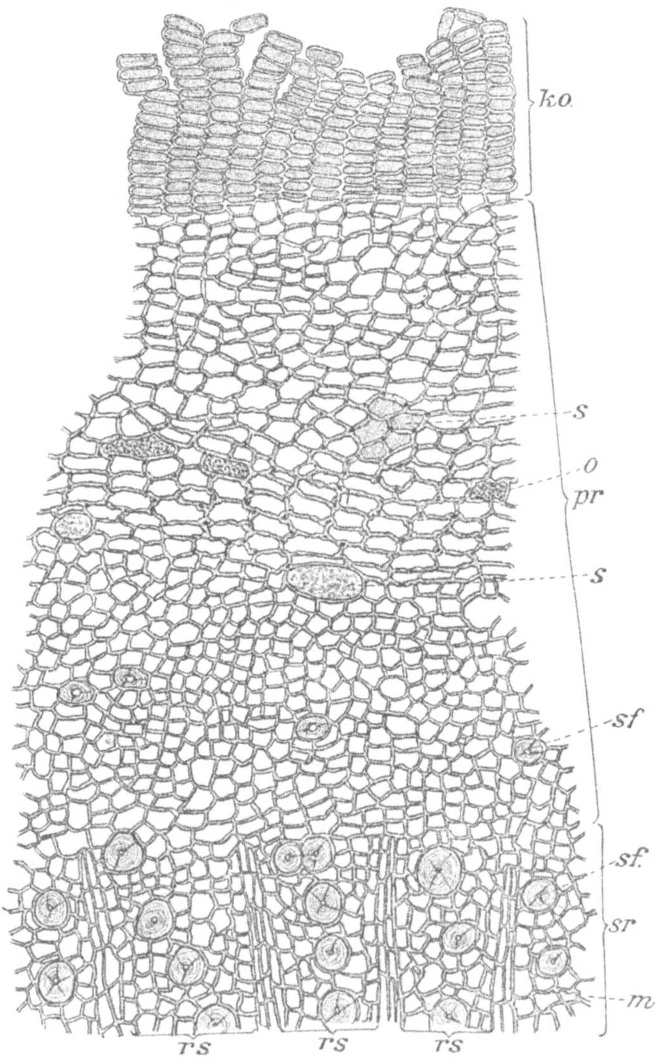

Fig. 12. **Cortex Chinae.** Vergr. $^{150}/_1$. Querschnitt durch die Rinde. — ko Kork; pr primäre
Rinde; sr sekundäre Rinde; s Milchsaftschläuche; o Oxalatzellen; sf Sklerenchymfasern;
m Markstrahl; rs Rindenstränge.

In der sekundären Rinde fallen die Markstrahlen besonders bei
schwächerer (etwa 100facher) Vergrößerung auf; sie sind kenntlich an

ihren radial etwas verlängerten Zellen. Auch die im Querschnitt runde, helle Scheiben darstellenden Bastfasern können nicht übersehen werden. Die Angabe des Arzneibuchs über ihre Dicke ist dahin zu verbessern, daß 0,05 mm die untere Grenze darstellt, während das von mir aus sehr vielen Messungen gezogene Mittel 0,07 mm beträgt.

Die Länge der Sklerenchymfasern (Fig. 13) sowie ihre spindelförmige Gestalt können auf dem Querschnitt natürlich nicht beobachtet werden. Empfehlenswert ist zu ihrer Untersuchung die Anwendung der oben (p. 16) angegebenen Macerationsmethode. Da eine Verwechselung der Sklerenchymzellen mit andern Elementen hier ausge-

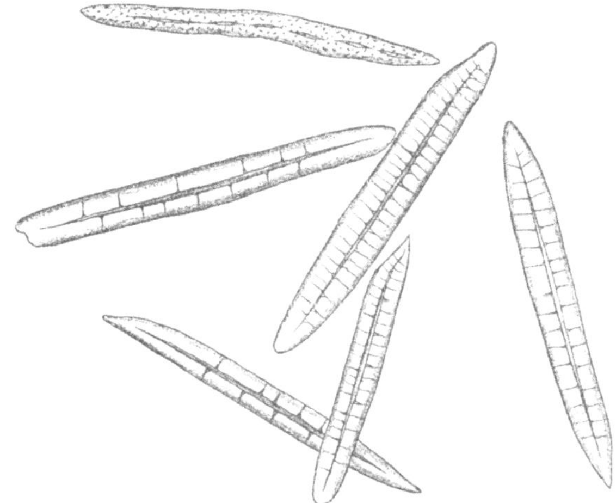

Fig. 13. **Cortex Chinae.** Vergr. $^{100}/_1$. — Durch Maceration gewonnene Sklerenchymfasern.

schlossen ist, kann auf die Färbung derselben mit Phloroglucin-Salzsäure verzichtet werden.

Untersuchung der geschnittenen Droge. — Cortex Chinae electim concisus stellt unregelmäßig rechteckige Stücke von etwa 4 mm Länge und etwas größerer Breite dar. Die Untersuchung verläuft wie bei der unzerkleinerten Droge; Schnitte werden gemacht, indem man das zu schneidende Fragment zwischen Flaschenkork klemmt.

In gleicher Weise kann auch die Form cortex minutim concisus, welche aus 3—5 mm langen, aber wesentlich schmäleren Splittern besteht, untersucht werden.

Ebenso ist es noch sehr gut möglich, die Form pulvis grossus Sieb 4 (= cortex raspatus), welche aus ungefähr 3 mm langen und bis 1 mm dicken Splittern besteht, zwischen Kork zu schneiden.

Untersuchung der Pulver. — Beide Pulver des Handels haben zimtbraune Farbe; pulvis subtilis ist etwas heller als pulvis modice subtilis (Fig. 14). Mikroskopisch sind sie auf den ersten Blick

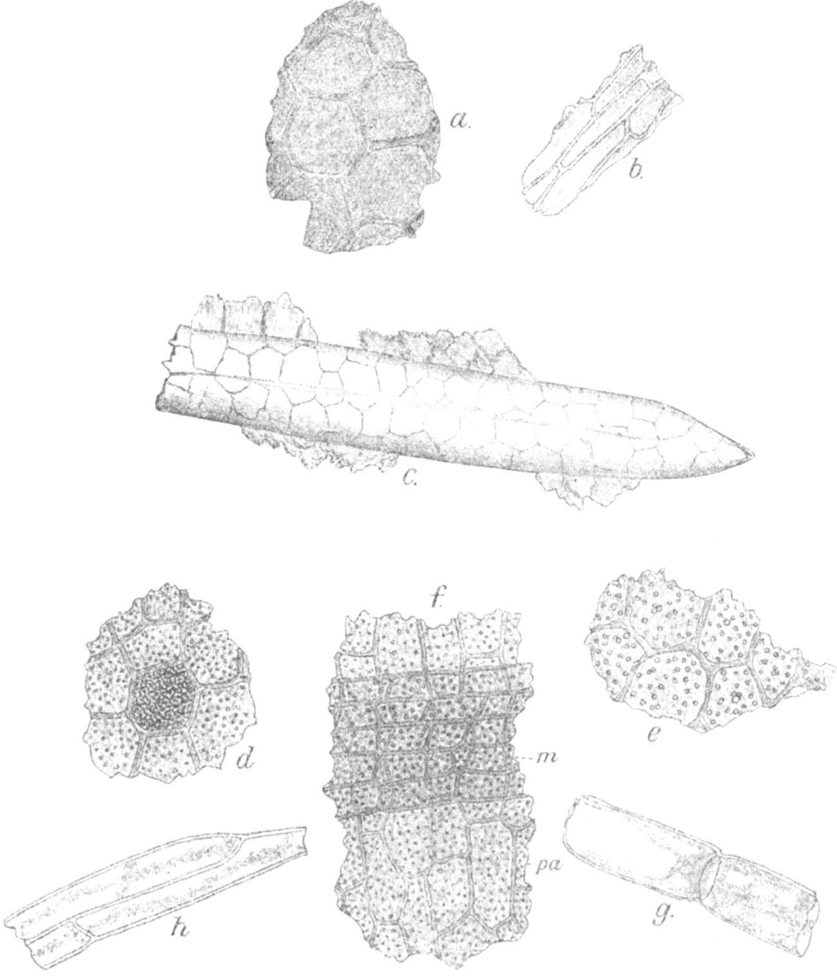

Fig. 14. **Cortex Chinae**.   Vergr. $^{280}/_1$. — a—f Bestandteile des **Pulvers**; a. Korkgewebe; b. Markstrahlgewebe; c. Sklerenchymfaser; d. Parenchym mit Oxalatzelle; e. Parenchym; f. sek. Rindenparenchym mit quer laufendem Markstrahl.   g—h Elemente aus macerierter Rinde; g. Siebteilelement; h Milchröhren.

dadurch unterscheidbar, daß die ohne weiteres in die Augen fallenden Sklerenchymzellen im pulvis subtilis fast ausnahmslos zerbrochen sind, während dieselben im gröbern Pulver fast alle unbeschädigt vorliegen. Ferner sind in beiden Pulvern sowohl die etagenartigen oder klein-tafelförmigen tief dunklen Korkreste wie die (bei Jodzusatz leicht sichtbaren) kleinen Stärkekörner unverkennbar; die teilweise noch vorzüglich erhaltenen Parenchymreste werden gleichfalls leicht erkannt. Dagegen ist es sehr schwer, im Pulver die Reste der Milchsaftelemente, beinahe unmöglich, diejenigen der Siebröhren mit Sicherheit festzustellen. Wer dem Arzneibuch folgend dieselben auffinden will, tut am besten, die Pulver mit Salpetersäure und Kaliumchlorat (siehe oben p. 16) ganz kurz zu macerieren und in dem so gewonnenen Präparat nach dünnwandigen, langgestreckten Elementen zu suchen. Aber auch in solchen Präparaten ist es nicht leicht, die gesuchten Zellen einwandsfrei zu unterscheiden. — Im pulvis modice subtilis begegnen die Kristallsandzellen nicht selten: empfehlenswert für ihre Beobachtung ist, eine Probe des Pulvers mit Eau de Javelle zu bleichen, bis es weiß geworden ist. Dies wird am besten durch Übergießen der Probe in einem Uhrglas mit dem Reagens bewirkt; das Bleichen erfordert 15 bis 45 Minuten je nach dem Alter des Eau de Javelle. Die Kristallsandzellen sind durch ihren ganz feinkörnigen, schwärzlichen, dichtgedrängten Inhalt ausgezeichnete Parenchymzellen. Im pulvis subtilis fand ich dieselben fast ausnahmslos zerrieben. Hier ist der reichlich vorhandene Kristallsand, welcher in kleinsten Körnchen durch das ganze Präparat verteilt ist, am leichtesten mit Hilfe des Polarisationsapparats sicher nachweisbar.

Cortex Cinnamomi. — Chinesischer Zimt.

Die sekundäre Rinde ist bei mikroskopischer Betrachtung durch meist 0,5 mm lange, in der Mitte meist 0,03 bis 0,04 mm dicke Sklerenchymfasern, die einzeln, selten zu 2 oder 3 beieinander stehen, ferner durch Schleim- und Sekretzellen, welche in den Rindensträngen liegen, und durch meist 2 Zellen breite Markstrahlen gekennzeichnet.

Offizineller **Cortex Cassiae** wird in folgenden Formen gehandelt: a) in ganzen Stücken; b) geschnitten nur in der Form minutim concisus; c) als pulvis grossus (Sieb 4); d) als pulvis modice subtilis (mittelfein, Sieb 5); e) als pulvis subtilis (Sieb 6).

Untersuchung der unzerkleinerten Droge. — Den Anforderungen des Arzneibuchs kann durch einen einzigen Schnitt genügt werden, nämlich durch einen in der Nähe der Innenfläche der Rinde gewonnenen tangentialen Längsschnitt (Fig. 15). Um zu solchen Längsschnitten zu gelangen, empfiehlt sich folgendes Verfahren: Von der zu untersuchenden Rindenröhre wird ein etwa 2 cm langes Stück 10 Minuten in Wasser gekocht. Dadurch wird es so geschmeidig, dass man

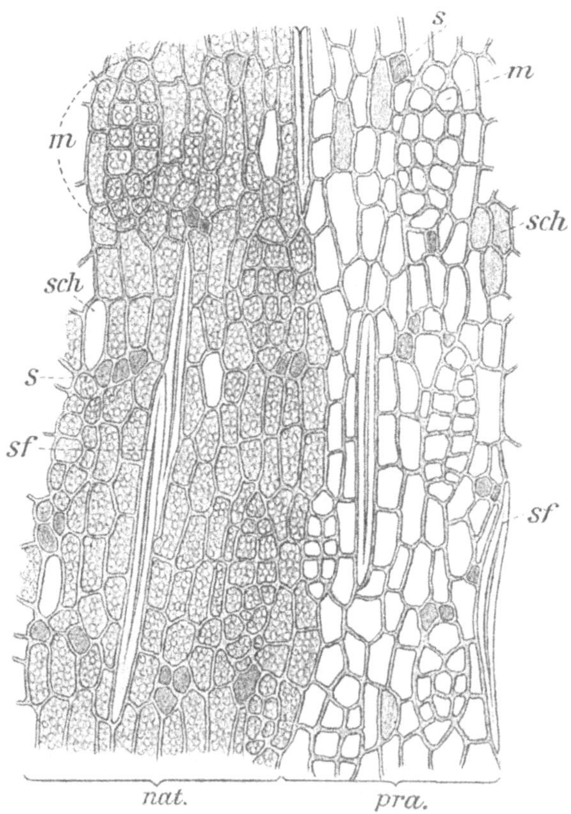

Fig. 15. **Cortex Cinnamomi.** Vergr. 165/1. Längsschnitt. — nat. Präparat im natürlichen Zustand; pra. Präparat nach Einwirkung von Kalilauge; m Markstrahlen; s Sekretzellen; sch Schleimzellen; sf Sklerenchymfasern.

es aufbiegen kann. Man tut dies und schneidet dann von der Innenfläche (welche sicher sekundäre Rinde bietet) und direkt unter der Innenfläche feine Lamellen ab. Von Cortex Cassiae ist es sehr leicht, gute Präparate zu bekommen. Die Schnitte werden gleich in Kalilauge gelegt und darin betrachtet. Sie sind braun, ihre Zellen allermeist mit verkleisterter Stärke erfüllt. Dann erscheinen die Schleimzellen hell (fast farblos), die Sekretzellen tief dunkelbraun, die übrigen

Elemente heller braun. Die Sklerenchymfasern heben sich nicht sehr ab, doch sind sie immerhin leicht auffindbar; sollten sie nicht gesehen werden, so behandle man einen Schnitt mit Phloroglucin-Salzsäure (siehe oben p. 15), wodurch diese Elemente tief rot gefärbt werden.

Die Markstrahlen, deren Querschnittsfigur wegen der tangentiale Längsschnitt für die Untersuchung gewählt wurde, stellen kurze und breite, sofort auffällige Ellipsen dar; die Zahl der sie zusammensetzenden Zellreihen ist leicht zählbar.

Auch der Cortex minutim concisus wird in Schnitten untersucht. Diese Drogenform besteht aus unregelmäßig rechteckigen Fragmenten von 3—5 mm Länge und etwas geringerer Breite; sie kann, ohne vorheriges Kochen, trocken zwischen Kork eingeklemmt leicht geschnitten werden. Die Innenseite der Stückchen wird hier an einer feinen und kurzen Längsstreifung erkannt.

Untersuchung des pulvis grossus (Sieb 4). — Grobe Körner oder kleine Splitter von ungefähr 1 mm Länge und Breite. Um dies Pulver zu untersuchen, schütte man etwas davon auf den Tisch, breite dicht und flach aus, schneide ein Paraffinlicht glatt quer, erwärme die Fläche desselben mit einem Streichholz bis die obere Paraffinschicht geschmolzen ist, drücke das erwärmte Paraffin fest gegen das Pulver und lasse erkalten. Dadurch werden die Partikel der Droge festgelegt und können leicht geschnitten werden. Die Schnitte, welche man gleichzeitig durch viele Stückchen macht, kommen mit dem Paraffin auf den Objektträger und werden von demselben durch mehrmaliges Aufbringen und folgendes Ablaufenlassen einiger Tropfen Xylol befreit. Nach Zusatz von Kalilauge wird man neben andern Schnittgattungen auch einige tangentiale Längsschnitte finden, an denen die Breite der Markstrahlen erkennbar ist.

Untersuchung der feineren Pulver. — Beide feineren Pulver werden zunächst zweckmäßig in Kalilauge gelegt und betrachtet; es erscheinen in ihnen als hervorstechende, vom Arzneibuch nicht erwähnte Elemente zunächst die hellgelb aussehenden Steinzellen der Außenrinde, kenntlich als ungefähr isodiametrische Zellen mit allseitig oder häufig nur einseitig verdickten, stark getüpfelten Wandungen sowie seltener Fetzen des sehr dünnwandigen Korkgewebes. Unter den vom Arzneibuch für die Untersuchung vorgeschriebenen Bestandteilen sind die gleichfalls hellgelben Sklerenchymfasern (im pulvis modice subtilis meist intakt, im pulvis subtilis fast alle zerbrochen) sowie die dunkelbraunen Sekretzellen sehr leicht auffindbar. Hyaline rundliche Körper stellen die durch das Kali verkleisterte Stärke dar. Die Breite der Markstrahlen kann natürlich in keinem Pulver kontrolliert werden. —

Da die Schleimzellen im Kalipräparat nicht mit Sicherheit, in einem Wasserpräparat nur mit Schwierigkeit nachgewiesen werden können, empfiehlt sich zu ihrer Konstatierung folgendes Verfahren:

Man verreibe auf dem Objektträger in einem großen Tropfen Wasser soviel chinesische Tusche, daß die Flüssigkeit, gegen ein weißes Papier betrachtet, nicht mehr grau sondern schwarz aussieht. In diese Tuscheemulsion bringe man wenig des zu untersuchenden Pulvers, zerreibe rasch mit dem Skalpell, um möglichst die dem Pulver anhaftende Luft zu beseitigen, bedecke mit dem Deckglas und betrachte bei schwacher Vergrößerung (50—100 fach). Wo Schleimzellen liegen, entsteht ein wasserheller Fleck durch Verdrängung der Kohlenflitterchen, welcher eine Zeitlang wächst. Durch Drücken des Deckglases mit einer Nadel überzeuge man sich von der zähen Konsistenz des Schleimes. Auch kleine Luftblasen geben ähnliche Bilder, sind aber bei einiger Aufmerksamkeit durch ihre meist genau kreisrunde Form, ihre scharfen Ränder sowie insbesondere beim Drücken des Deckglases leicht zu unterscheiden.

Cortex Condurango. — Konburangorinde.

Bei mikroskopischer Betrachtung zeigt der Querschnitt in der sekundären Rinde sekundäre Markstrahlen, welche 1, sehr selten 2 Zellen breit und 10 bis 40, meist 15 Zellen, hoch sind. Die Zellen der Markstrahlen führen teilweise Oxalatdrusen. Die Rindenstränge enthalten Milchröhren und in der Richtung der Längsachse der Rinde gestreckte Nester von Sklerenchymzellen, welche zu lockeren Tangentialreihen angeordnet sind. Das Parenchym der sekundären Rinde ist reich an Stärkemehl. An der inneren Grenze der primären Rinde liegen, zu einer oder zwei Tangentialreihen angeordnet, größere oder kleinere Bündel von Sklerenchymfasern. Die Korkschicht besteht aus dünnwandigen Zellen.

Kondurangorinde wird gehandelt: a) in Stücken; b) grob geschnitten (Sieb 1, elect. concisus); c) fein geschnitten (Sieb 3, minutim concisus); d) als mittelfeines Pulver (Sieb 5, pulvis modice subtilis); e) als feines Pulver (Sieb 6, pulvis subtilis).

Untersuchung der unzerkleinerten Droge. — Um den Forderungen des Arzneibuchs nachzukommen, genügen Querschnitte nicht, sondern müssen noch durch tangentiale Längsschnitte ergänzt

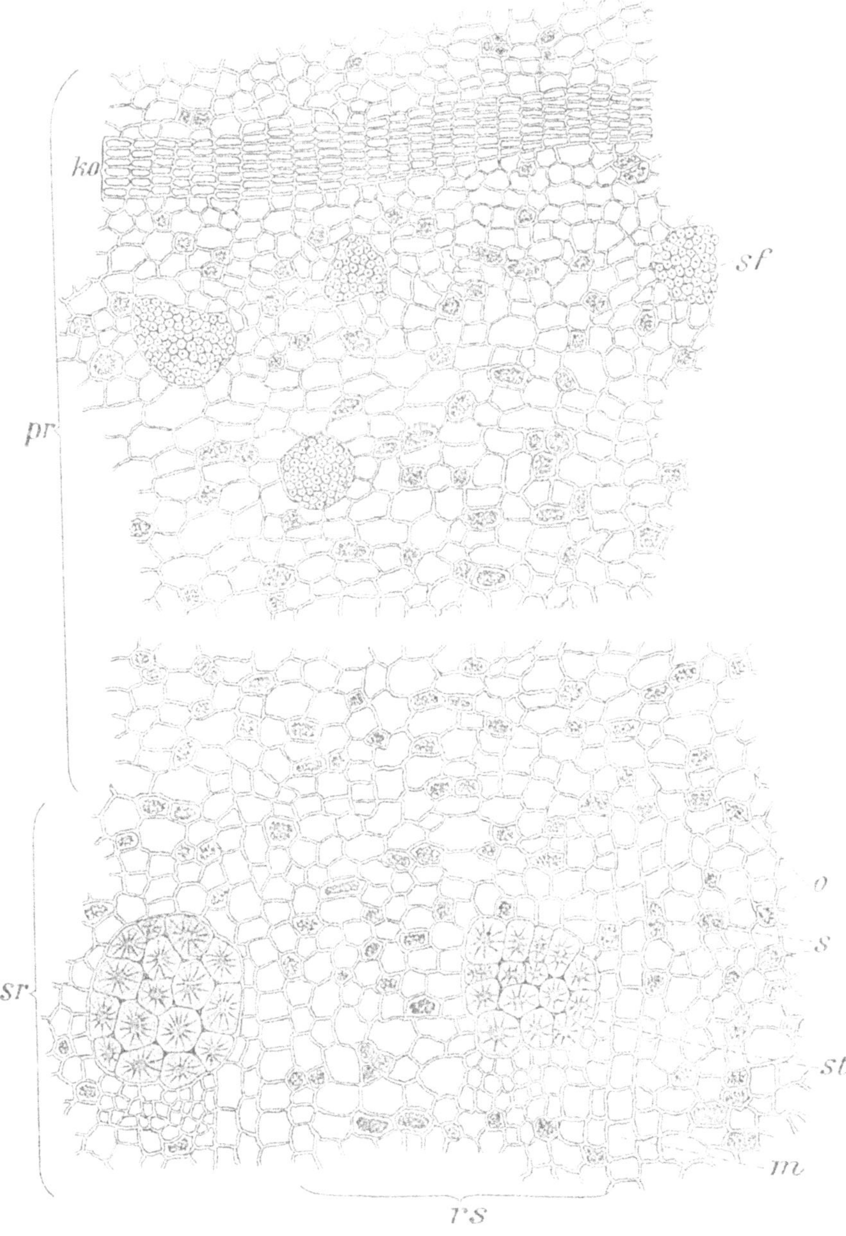

Fig. 16. **Cortex Condurango.** Querschnitt. Vergr. $^{120}/_1$. — pr primäre Rinde (aus ihr ist ein auf der Figur ca. 2 cm breit zu ergänzendes Stück ausgelassen); sr sekundäre Rinde; ko Kork; sf Sklerenchymfasern; st Steinzellen; o Oxalatdrusen; s Sekretzellen; m Markstrahl; rs Rindenstrang.

werden. Bei der Untersuchung verfährt man zweckmäßig in folgender Weise:

Zunächst schneide man ein Stück der dicken Rinde quer mit dem Skalpell glatt und betupfe die Schnittfläche mit Jodlösung. Dadurch schwärzt sich, infolge des reichen Stärkegehalts, die ursprünglich graue Fläche. — Diese geschwärzte Schnittfläche betrachte man mit der Lupe und überzeuge sich von dem Vorhandensein der als deutliche, dunkelgelbgraue Punkte sichtbaren Sklerenchym-(Stein-)Zellnester.

Um weiter zu präparieren, schneide man zunächst soviel von dem Rindenstück ab, als mit Jod getränkt war. Da alle Schnitte von Kondurango so viel Luftblasen enthalten, daß die Übersicht dadurch leicht gestört wird, ist es behufs Vertreibung der Luft empfehlenswert, das Rindenstück ungefähr 5 Minuten lang in Wasser zu kochen. Dadurch wird zwar die Stärke verkleistert, aber die Rinde quillt beträchtlich und läßt sich auch leichter schneiden.

A. Zunächst werden von dem gekochten Stück feine Querschnitte (Fig. 16) gemacht, was ohne Schwierigkeit geht. Die Querschnitte sollen entweder in einem Stück oder indem sich mehrere Schnitte ergänzen, die gesamten Partien der Rinde umfassen. Man betrachte dieselben in Kalilauge, und findet:

a) Die braune, geschichtete Borke auf der Oberfläche. Dieselbe besteht aus den Korklamellen, kenntlich durch ihre kleinen, dünnwandigen, niedrigen, in regelmäßigen Radialreihen liegenden Zellen, sowie aus dem durch dieselben nach aussen abzuwerfenden Rindenparenchym.

b) Die Bündel von Sklerenchymfasern, meist unweit der innersten Korkschicht in der primären Rinde liegend, fast farblos, durch die Kleinheit ihrer Zellen auffallend. — Daß diese Sklerenchymbündel lockere Tangentialreihen bilden, sieht man besonders mit schwacher Vergrößerung, wenn man größere Schnitte durchmustert, als sie unsere Abbildung bieten kann.

c) Die (schon mit der Lupe sichtbaren) Nester von Steinzellen, viel tiefer im Innern liegend als die Sklerenchymfasern und durch die Größe der Zellen, wie ihre gelbe Färbung sofort kenntlich.

d) Die Markstrahlen im innern (sekundären) Teil der Rinde, sich als Radiallinien aber meist nur sehr wenig abhebend und besser auf dem tangentialen Längsschnitt (welcher doch gemacht werden muß) zu untersuchen.

e) Viele kleine, zerstreute Zellen mit dunklem Inhalt, welche sich bei genauerer Betrachtung leicht in die je eine morgensternförmige Druse führenden Oxalatzellen und in die durch nicht kristallischen Inhalt ausgezeichnete Milchröhre unterscheiden lassen.

B. Da das Arzneibuch die Untersuchung der Höhe der Markstrahlen fordert, müssen ferner tangentiale Längsschnitte gemacht werden. Man erhält diese, indem man von der Innenseite des gekochten Drogenstücks dünne Flächenschnitte abnimmt. Mit diesen ersten Schnitten begnüge man sich aber nicht, sondern gehe tiefer, bis man an die Steinzellgruppen kommt. Diese sind schon makroskopisch als gelbliche Punkte erkennbar, schneiden sich schlecht und bröckeln teilweise aus. Schon die Betrachtung mit der Lupe, noch besser die mikroskopische zeigt (Fig. 17), dass diese Steinzellgruppen

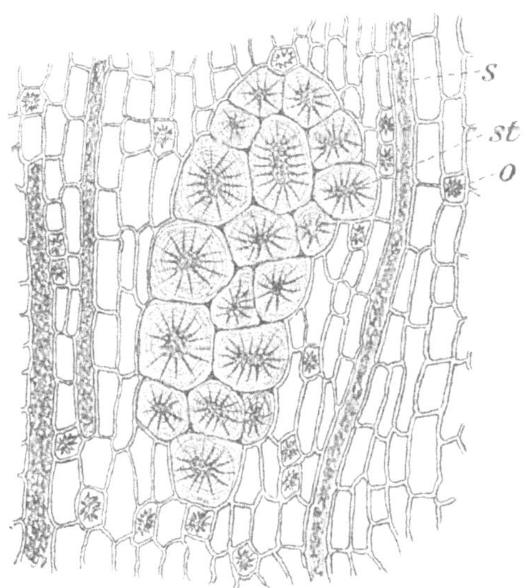

Fig. 17. **Cortex Condurango.** Längsschnitt. Vergr. $^{120}/_1$. — st Steinzellgruppe; s Milchröhre; o Oxalatdruse.

in die Länge getreckt sind, während sie auf dem Querschnittsbild rundlich erschienen.

Die von der Innenfläche der Droge genommenen Schnitte (Fig. 18) zeigen die Markstrahlen als nach beiden Seiten sich auskeilende Linien kleiner, rundlicher Zellen.

Völlig dem gleichen Gang der Untersuchung schließt sich die Behandlung der beiden geschnittenen Sorten (Stückchen bei beiden 3—5 mm lang, bei cortex electim concisus gewöhnlich breiter und bis 3 mm dick, bei minutim concisus schmäler und dünner) an. Nach dem Kochen können die Stückchen zwischen Hollundermark geschnitten werden.

Untersuchung der Pulver. — Beide Pulver werden zunächst in Wasser betrachtet und, nachdem (eventuell unter Jodzusatz) ihr großer Reichtum an Stärke konstatiert ist, mit Kalilauge versetzt. Das mittelfeine Pulver enthält prozentual mehr verholzte Elemente als das feine; insbesondere sind die sehr langen Sklerenchymfasern hauptsächlich in jenem enthalten. Von den übrigen, durch das Arzneibuch hervorgehobenen Elementen begegnen die Steinzellen reichlicher im mittelfeinen Pulver, doch sind sie auch im feinen häufig und die gestreckte Gestalt der Steinzellnester in beiden beobachtbar. Der Kork ist in sehr regelmäßig gefelderten Fragmenten vorhanden, die Milchröhren

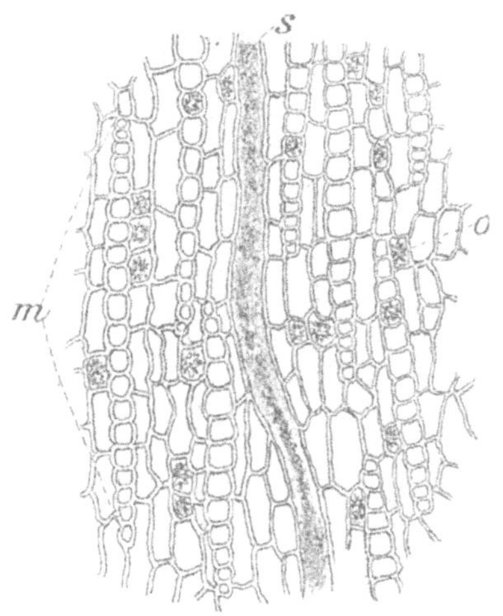

Fig. 18. **Cortex Condurango.** Längsschnitt. Vergr. $^{120}/_1$. — s Milchröhre; m Markstrahl; o Oxalatdruse.

sind als lange dunkle Striche in den größeren Fragmenten auch des pulvis subtilis gut erkennbar. Kalkoxalatdrusen sind im mittelfeinen Pulver reichlich intakt, im feinen meist zertrümmert. Abgesehen von den Steinzellnestern sind also die wesentlich auf der Anordnung der Elemente in der Rinde begründeten Merkmale des Arzneibuchs im Pulver nicht mehr erkennbar.

Cortex Frangulae. — Faulbaumrinde.

Bei mikroskopischer Betrachtung zeigt die Rinde eine roten Zellinhalt führende Korkschicht. Die sekundäre Rinde wird von Markstrahlen durchzogen, welche 1 bis 3 Zellen breit und 10 bis 25 Zellen hoch sind.

In den Rindensträngen liegen breite Bündel langer, farbloser Skle=
renchymfasern, welche von Längsreihen kleiner, je einen Einzelkristall

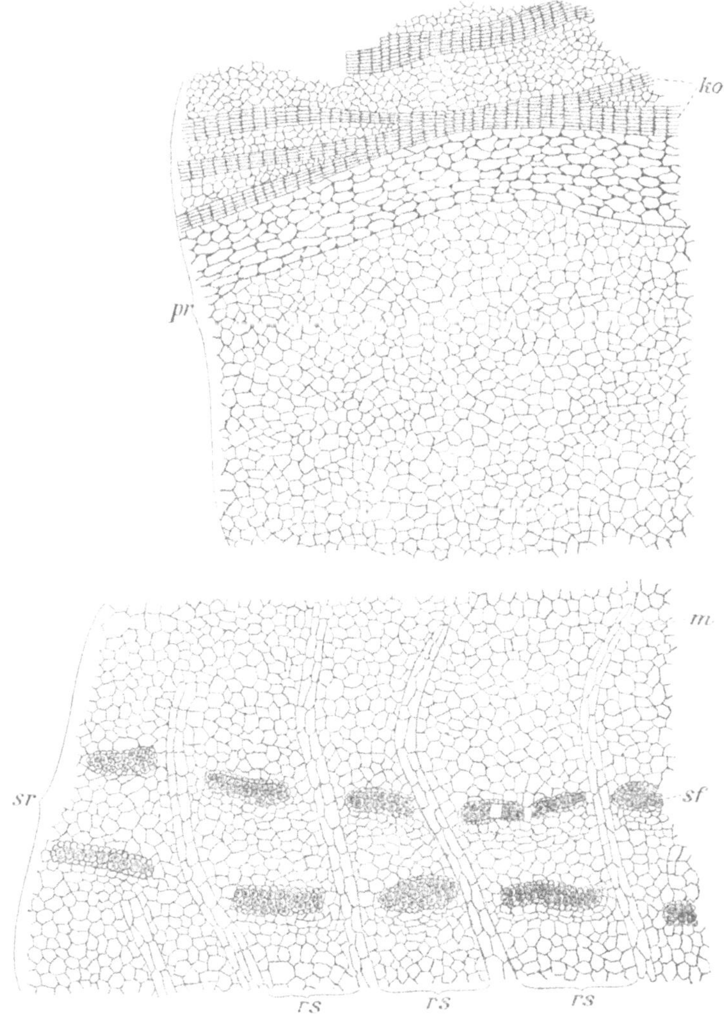

Fig. 19. **Cortex Frangulae.** Querschnitt. Vergr. $^{85}/_1$. — pr primäre Rinde; sr sekundäre
Rinde; ko Korkgewebe; m Markstrahl; sf Sklerenchymfasergruppe; rs Rindenstränge.

einschließender Zellen begleitet sind, während im übrigen Parenchym
auch Oxalatdrusen vorkommen. Die Sklerenchymbündel sind im innern
Teile der Rinde zu Tangentialreihen angeordnet. Steinzellen fehlen
der Rinde.

Die Formen, in welchen Faulbaumrinde im Handel ist, sind:
a) Rinde in Stücken; b) grob geschnitten (Sieb 1, elect. conc.);

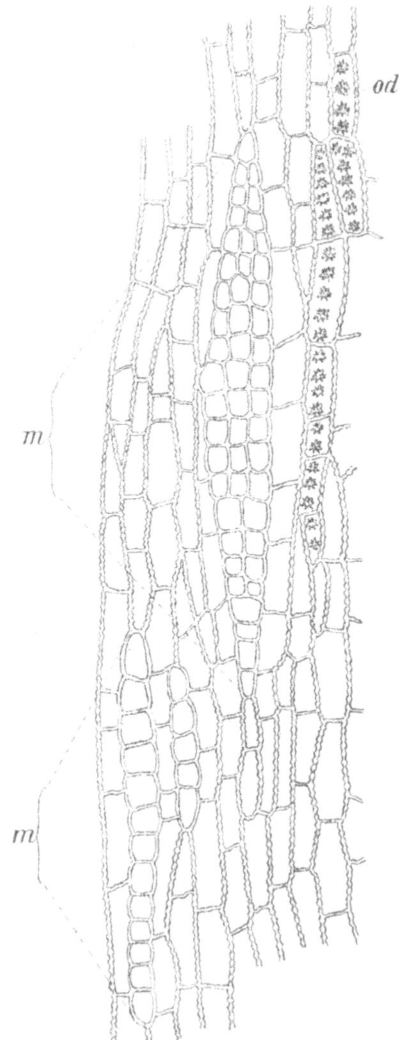

Fig. 20. **Cortex Frangulae.** Längsschnitt durch die sekundäre Rinde. Vergr. $^{165}/_1$. —
m Markstrahlen; od Kalkoxalatdrusen.

c) fein geschnitten (Sieb 3, minutim conc.); d) als pulvis grossus
(Sieb 4—5); e) als pulvis subtilis (Sieb 6).

Untersuchung der unzerkleinerten Rinde. — Um die vom

Arzneibuch geforderten Merkmale zu sehen, braucht man Quer- und Tangentialschnitte.

Die Querschnitte (Fig. 19) werden am besten von der trockenen Rinde gemacht und ergeben leicht Übersichtsbilder über deren ganze Dicke. Schon mit unbewaffnetem Auge (wie auch beim Schaben der Droge) ist die rote Farbe des Zellinhalts der Korkschicht sichtbar. Empfehlenswert ist das Einlegen und Betrachten der Schnitte in Kalilauge, durch welche die gelbe Farbe derselben sofort in prachtvolles Rot verändert wird. Insbesondere heben sich bei dieser Behandlung die Markstrahlen der sekundären Rinde als allermeist verbogene blutrote Linien hervor, welche aus 1—2(—3) nebeneinander liegenden Reihen von Zellen gebildet sind. Die (flachen) in tangentiale Reihen geordneten Bündel von Sklerenchymfasern fallen schon durch die Kleinheit ihrer Zellquerschnitte auf; dagegen sind die Kalkoxalat führenden Begleitzellen dieser Bündel auf dem Querschnitt nur schwer und bei stärkerer

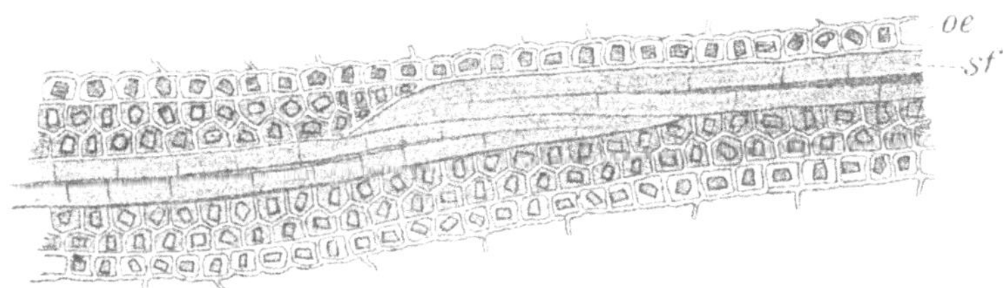

Fig. 21. **Cortex Frangulae.** Aus der sekundären Rinde herausgelöste Sklerenchymfasern. Vergr. $^{165}/_1$. — sf Sklerenchymfasern; oe Kalkoxalat-Einzelkristalle.

Vergrößerung (300fach) deutlich zu sehen. Die Drusen von Kalkoxalat sind am reichlichsten im innern Teil der Rinde.

Tangentiale Längsschnitte (Fig. 20), welche zur Beobachtung der Zellhöhe der Markstrahlen nötig sind, werden am besten von einem 5 Minuten lang in Wasser gekochten Rindenstück platt von dessen Innenseite genommen. Auch hier treten, besonders nach Anwendung von Kalilauge, die Markstrahlen unverkennbar hervor. Zugleich pflegt man auf solchen Schnitten die reihenweise gelagerten kleinen Drusen von Kalkoxalat häufig zu finden.

Um zu den Sklerenchymfaserbündeln zu gelangen, schneidet man tangential von der Innenrinde soviel ab, bis man in die Region der makroskopisch sichtbaren an den Querbruchflächen der Rinde vorragenden Fasern gelangt. Aus diesem Teil der Rinde macht man Längsschnitte (Fig. 21), welche sich faserig schneiden und an den Enden vielfach ausgefranzt sind. Besonders solche isolierten Faserteile sind die geeignetsten Objekte, um die Einzelkristalle zu sehen. Bei Anwendung stärkerer Vergrößerung (etwa 300fach) sehen die Fasern wie mit Steinchen gepflastert aus. Diese Pflasterung wird bewirkt durch die kleinen quadratischen Begleitzellen der Fasern und die darin enthaltenen Kristalle.

Von den geschnittenen Drogenformen besteht der Cortex elect. conc. aus ungefähr quadratischen, etwa 4 mm langen und breiten Plättchen, der cortex minutim conc. aus etwa 4 mm langen und halb so breiten Splittern. Querschnitte werden von diesen Drogenformen leicht zwischen Kork erzielt; die tangentialen Längsschnitte bekommt man am besten, wenn man das zu untersuchende Stückchen mit der dunkleren Außenseite mit etwas Siegellack auf einen Kork fixiert und dann, ohne zu kochen, flach von der Innenseite schneidet.

Untersuchung der Pulver. — Unter den vom Arzneibuch aufgeführten Merkmalen bleiben für die Pulver von Cortex Frangulae leicht zu sehen die Korkzellen und die Sklerenchymbündel mit ihrer Kristallpflasterung. Man betrachte die Pulver erst in Wasser und findet beim pulvis grossus neben einzelnen Zellen auch ganze Schollen, welche sich durch lebhaft rosenroten Inhalt auszeichnen. Im pulvis subtilis sind diese Korkzellen mehr vereinzelt. An sehr vielen Sklerenchymbündeln, welche in beiden Pulvern noch gut im Zusammenhang vorliegen, sieht man bei stärkerer Vergrößerung die Kristallzellen samt Kristallinhalt; vielfach sind diese Zellen aber auch abgerieben und dann pflegt man bei aufmerksamer Betrachtung rechteckige, quer über die Oberfläche der Bündel laufende Figuren zu sehen, welche die Ansatzlinien der Kristallzellwände darstellen. — Sowohl Einzelkristalle wie Drusen werden in den Pulvern bei Anwendung stärkerer Vergrößerung leicht gefunden. — Sehr instruktiv ist endlich, die Pulverpräparate mit Kalilauge zu versetzen, wodurch die gesamten Parenchympartikel sofort blutrot gefärbt werden.

Cortex Granati. — Granatrinde.

Die Borkenschicht der Rinde besteht aus Korkzellen, deren Innenwände stark verdickt, deutlich geschichtet und getüpfelt sind. Die sekundäre Rinde besitzt Markstrahlen, welche 1, sehr selten 2 Zellen breit sind. Die Rindenstränge zeigen im Querschnitt der Rinde regelmäßige Tangentialreihen quadratischer, je eine Oxalatdruse enthaltender Zellen, mit denen Querbinden von Siebröhren führendem Parenchym abwechseln. Besonders im äußeren Teile des sekundären Rindengewebes liegen 0,02

bis 0,2 mm breite, dickwandige Sklerenchymzellen zerstreut. Die Wurzel=
rinde ist gegenüber der Stammrinde durch früh entstehende Schuppen=
borke ausgezeichnet.

Granatrinden=Pulver soll nur die rundlichen, selten zusammen=
gesetzten Stärkekörner der Rinde, welche einen Durchmesser von 0,0025
bis 0,008 mm besitzen, die charakteristischen Korkzellen, die eigenartigen
Sklerenchymzellen, die Oxalatdrusen und Einzelkristalle führenden Zellen,
die Parenchymzellen und die Siebröhren der Droge enthalten.

———

Von Granatrinde werden gesondert Wurzel- und Stammrinde ge-
handelt und zwar jede derselben in ganzen Stücken, geschnitten
(Sieb 2), als pulvis grossus (Sieb 4—5) und als pulvis subtilis
(Sieb 6). — Die beiden Sorten werden nach dem Aussehen von ge-
übten Leuten getrennt, doch dürfte in jeder größeren Probe von
Wurzelrinde auch etwas Stammrinde und umgekehrt vorhanden sein.

Untersuchung der unzerkleinerten Rinde. — Für die Untersuchung der leicht präparierbaren Rinde sind Querschnitte (Fig. 22)
genügend. Man legt erst mit dem Skalpell eine glatte Fläche an, be-
feuchtet diese mit etwas Wasser und schneidet dann recht fein. Die
Schnitte nehme man rasch vom Messer ab, da sie sonst schwärzlich-
mißfarben werden. Sie werden zunächst in Wasser betrachtet. Das
Rindengewebe ist dicht mit den kleinen Stärkekörnern erfüllt, welche
an den reichlich neben dem Präparat zerstreuten herausgerissenen
Körnchen gemessen werden. Besonders auffallend bei schwächerer
Vergrößerung (50—100 fach) ist die regelmäßige, durch das Abwechseln
von schwärzlich aussehenden Oxalat- und hellen oxalatfreien Zellen
bewirkte Streifung der sekundären Rinde. Das Korkgewebe wird
zweckmäßig mit stärkerer Vergrößerung (300 fach) untersucht und zeigt
an guten, genau quer geführten Schnitten leicht die stark verdickten,
geschichteten und mit fein strichförmigen Tüpfelkanälen versehenen
Innenwände. Die manchmal selten, manchmal häufig vorhandenen
großen Sklerenchymzellen fallen sofort als helle Scheiben auf.

Nach Beobachtung dieser Einzelheiten setze man dem Präparat
von der Seite her Kalilauge zu. Dadurch wird der Schnitt dunkelgelb
und es scheiden sich Wolken von orangeroten feinsten Körnchen ab.
Man lege an die eine Seite des Deckglases ein Stück Filtrierpapier
und gebe von der andern Seite soviel Wasser zu, bis das Präparat
wieder hell gespült ist. Dann treten die Oxalatzellen und -Drusen
deutlicher hervor. Die ungefähr quadratische Form dieser Zellen wird
erst bei stärkerer Vergrößerung (ungefähr 300 fach anzuwenden) deutlich; die Siebröhren in den oxalatfreien Parenchymbinden sind so un-

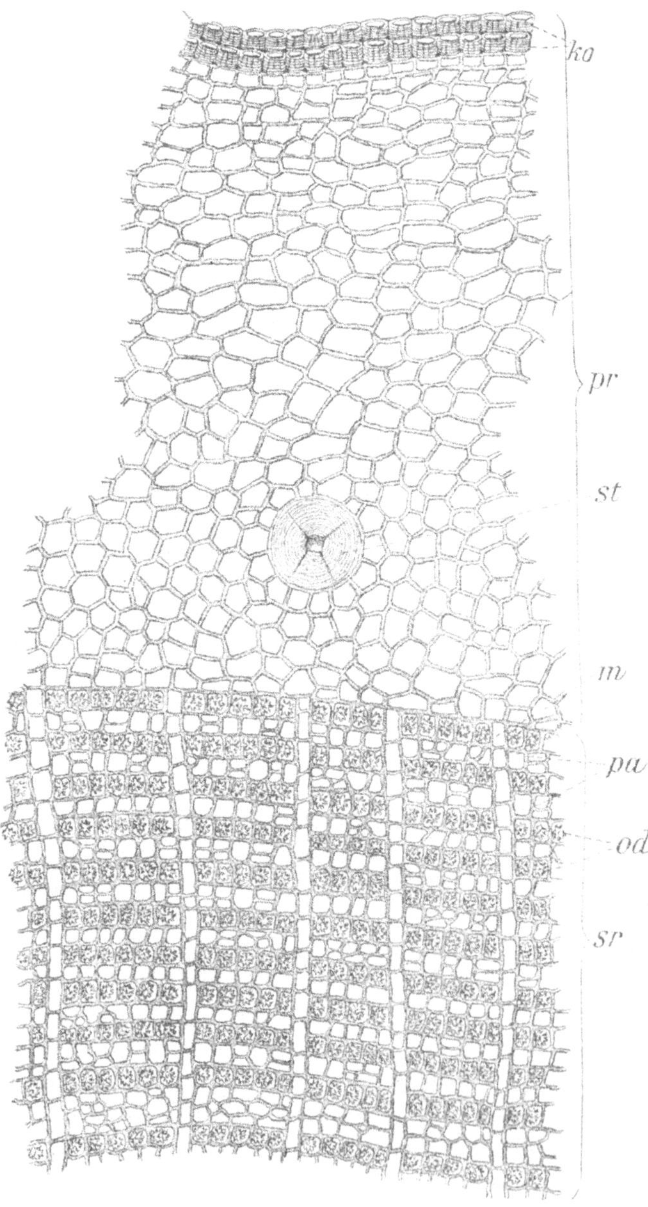

Fig. 22. **Cortex Granati**. Querschnitt. Vergr. $^{165}/_1$. — pr primäre Rinde; sr sekundäre Rinde; ko Korkgewebe; st Steinzelle: m Markstrahl; pa oxalatfreies Rindenparenchym; od Tangentialreihen von Oxalatdrusen führendem Rindenparenchym.

deutlich, daß sie auf dem Querschnitt sich selten sicher markieren. Zellen mit Einzelkristallen sind nicht sehr häufig; sie finden sich in den mit den Oxalat-Drusen abwechselnden Parenchymbinden. Die Markstrahlen (frei von Oxalat-Drusen) treten als helle Linien sehr klar hervor; sie

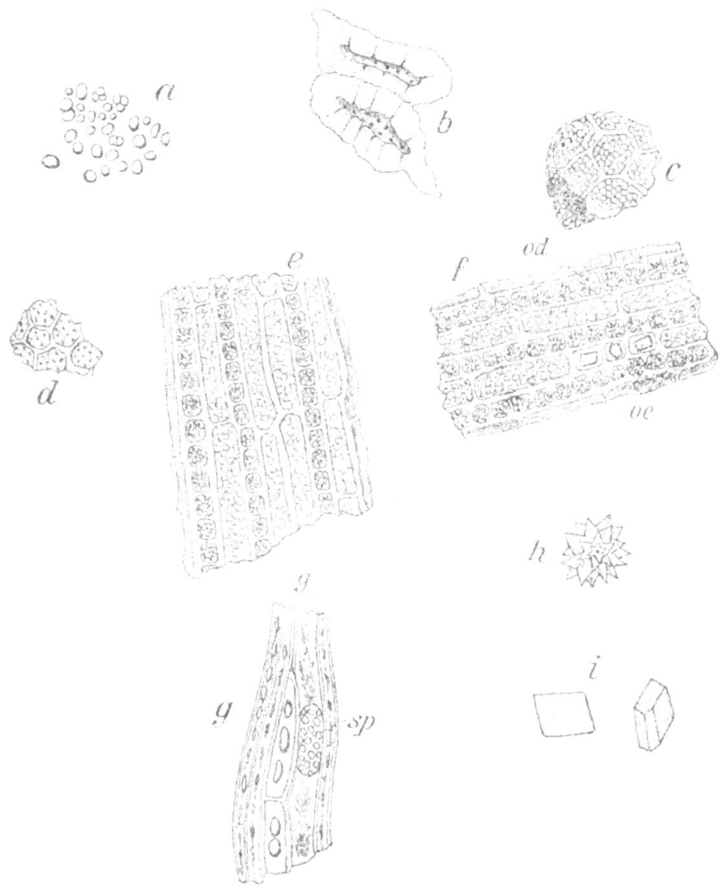

Fig. 23. **Cortex Granati.** a—f Bestandteile des Pulvers. Vergr. $^{165}/_1$. — a Stärke; b Steinzellen; c Stärkeführendes Parenchym der prim. Rinde; d Korkgewebe; e, f Parenchym der sek. Rinde (od Oxalatdruse; oe Oxalat-Einzelkristalle). — g Siebröhrgewebe aus macerierter Rinde. Vergr. $^{385}/_1$. (sp Siebplatte; g Geleitzellen). — h, i Oxalatelemente stärker ($^{385}/_1$) vergrößert. h Oxalatdruse, i Oxalat-Einzelkristalle.

verlaufen senkrecht zu den Binden und bewirken das gefelderte Aussehen des Querschnitts der Droge.

Untersuchung der geschnittenen Droge. — Cortex granati concisus stellt unregelmäßige, ungefähr rechteckige Stückchen von durchschnittlich 4 mm Länge und geringerer Breite dar; diese können leicht, zwischen Kork eingeklemmt, geschnitten und wie die unzerkleinerte Droge untersucht werden.

Untersuchung der Pulver. — Behufs Beobachtung und Messung der Stärkekörner werden die Pulver zunächst in Wasser untersucht. Dann setzt man zweckmäßig Kalilauge zu, die entstehenden Körnchen schaden der Klarheit des Objekts kaum, wenn man wenig von dem Pulver zur Untersuchung genommen hat. In beiden Pulvern, reichlicher natürlich im pulvis grossus (Fig. 23) fallen zunächst Gewebefragmente auf, welche Oxalatdrusen reihenweise als schwärzliche Linien enthalten; dieselben gehören der sekundären Rinde an. Regelmäßig gebaute Parenchymfetzen ohne oder mit zerstreuten Oxalatdrusen sind Bestandteile der primären Rinde. Die höchst charakteristischen Korkzellen bieten sich entweder (seltener) von der Seitenansicht und sehen dann wie im Querschnitt aus; häufiger liegen sie flach und zeigen dann bei stärkerer Vergrößerung die Tüpfelung der verdickten Wand deutlich als feine Punkte. An herausgerissenen Oxalatdrusen ist kein Mangel, seltener begegnen Einzelkristalle. Man verwechsele diese nicht mit bei Einwirkung der Kalilauge oft sehr reichlich entstehenden, einzeln liegenden oder zu armen Drusenbildungen zusammengesetzten, sehr regelmäßig 6eckigen Kristallplättchen.

Die Siebröhren mit ihren netzförmigen Siebfeldern, sowie die dünnen, langgestreckten, durch dunkleren Inhalt ausgezeichneten Geleitzellen der Siebröhren findet man nur ausnahmsweise. Die großen, knorrigen Sklerenchymzellen sind in manchen Pulverproben sehr selten; sie werden als hellgelbe Brocken im Kalipräparat mit schwacher Vergrößerung leicht gefunden.

Cortex Quercus. — Eichenrinde.

Die sekundäre Rinde der Droge besitzt Markstrahlen, welche 1, selten 2 Zellen breit sind. In den Rindensträngen wechseln in Tangentialreihen gestellte Querplatten bis 0,5 mm langer Sklerenchymfasern, die oft von Sklerenchymzellgruppen begleitet sind, mit Parenchymmassen, in welchen die Siebröhren liegen, regelmäßig ab.

Die Sklerenchymfasern sind von Oxalatzellen mit Einzelkristallen begleitet; in dem Parenchym liegen Oxalatzellen, welche Drusen führen.

Eichenrinde wird in ihrer offizinellen Form gehandelt: a) als Stücke (unzerkleinert): b) geschnitten Sieb 1 (elect. conc.): c) geschnitten Sieb 3 (minut. conc.): d) als grobes Pulver Sieb 4—5; e) als feines Pulver (Sieb 6).

Untersuchung der unzerkleinerten Droge. — Die Anforderungen des Arzneibuchs können erfüllt werden durch Untersuchung des Querschnitts und eines beliebig geführten Längsschnittes. Da die Rinde sich in trockenem Zustand sehr schlecht schneidet, ist es zweck-

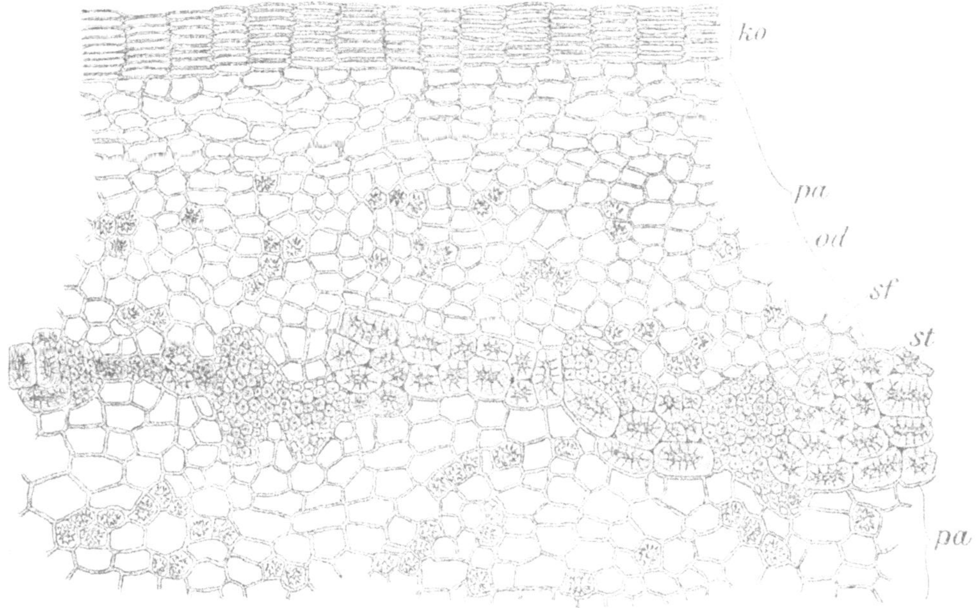

Fig. 24. **Cortex Quercus.** Querschnitt. Vergr. ¹⁰⁵/₁. — ko Kork; pa Rindenparenchym; od Oxalatdrusen; sf Sklerenchymfasern; st Steinzellen.

mäßig, sie vor der Präparation 3 Minuten lang in Wasser zu kochen. — Die Schnitte werden zweckmäßig in Kalilauge gelegt.

Auf dem Querschnitt (Fig. 24) treten in der sekundären Rinde schon bei schwächerer Vergrößerung (100 fach) die Markstrahlen als radiale Linien so deutlich hervor, daß es unnötig erschien, dieselben durch eine Figur hier besonders zu illustrieren. Auch die Tangentialbinden der Sklerenchymelemente sind unverkennbar, und zwar unterscheidet man leicht die kleinzelligen Bündel von Sklerenchymfasern, welche meist lückenlos an die Nester der großen, starkporigen Sklerenchymzellen (Steinzellen) anschließen. Auch die im Parenchym häufigen Oxalatdrusen treten bei der angegebenen Vergrößerung sofort als dunkle Punkte hervor. Dagegen ist es nicht leicht möglich, sich auf dem Querschnitt Klarheit über die kleinen, die Sklerenchymfasern begleitenden Oxalatzellen mit Einzelkristallen zu verschaffen.

Diese werden leicht auf jedem stärker (ca. 300 fach) vergrößerten Längsschnitt gesehen (Fig. 25) und zwar sehen die Fasern wie mit Steinchen (den Einzelkristallen) dicht gepflastert aus.

Auch die Länge der Sklerenchymfasern kann auf den Längsschnitten gemessen werden. Da man aber bei Schnitten diese Fasern nicht immer ihrer ganzen Länge nach sehen kann, empfiehlt es sich, die Messung am macerierten Präparat (vergl. oben p. 16) auszuführen.

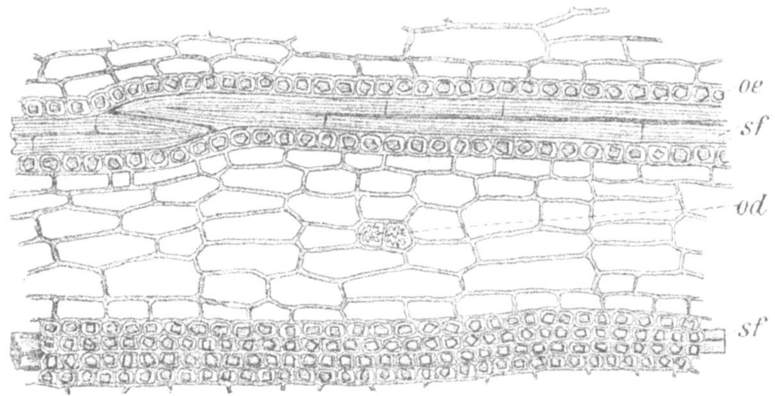

Fig. 25. **Cortex Quercus.** Längsschnitt. Vergr. 165/1. — sf Sklerenchymfasern; oe Kalkoxalat-Einzelkristalle; od Kalkoxalat-Drusen.

Untersuchung der geschnittenen Droge. — Grob geschnittene Eichenrinde stellt rechteckige Plättchen von 4—5 mm Länge und oft beträchtlich größerer Breite; fein geschnittene solche von durchschnittlich 2 mm Länge und gleichfalls höherer Breite dar. Beide Drogenformen werden zwischen Kork eingeklemmt, wie die ganze Rinde präpariert und untersucht.

Untersuchung der Pulver. — Bei Betrachtung der zweckmäßigerweise gleich in Kalilauge einzulegenden Pulver fallen als sofort kenntliche Elemente die (meist zu tiefbraunen Fetzen vereinigten) Korkzellen, die Bündel der Sklerenchymfasern mit ihrem Kristallbelag sowie die Steinzellen auf. Auch die Oxalatdrusen werden massenhaft, besonders bei stärkerer Vergrößerung, gefunden. — Im pulvis grossus ist vielfach das Aneinandergrenzen von Sklerenchymfasern und Steinzellen dadurch kenntlich, daß die letzten teilweise noch an

Sklerenchymbündeln hängen. — Die Messung der Länge der Sklerenchymfasern ist nicht einmal im groben Pulver möglich, da auch darin die Fasern alle zerbrochen sind.

Cortex Quillaiae. — Seifenrinde.

Die Bruchflächen sind gelblich weiß und lassen schon bei Betrachtung mit der Lupe **Prismen von Kalkoxalat** erkennen, **welche 0,06 bis 0,2 mm lang sind und einzeln in den Zellen des Parenchyms der Rindenstränge liegen. In die Rindenstränge sind farblose, sowohl einzeln stehende, als auch im Querschnitt der Rinde unregelmäßige Querbinden bildende Sklerenchymfasern eingelagert.**

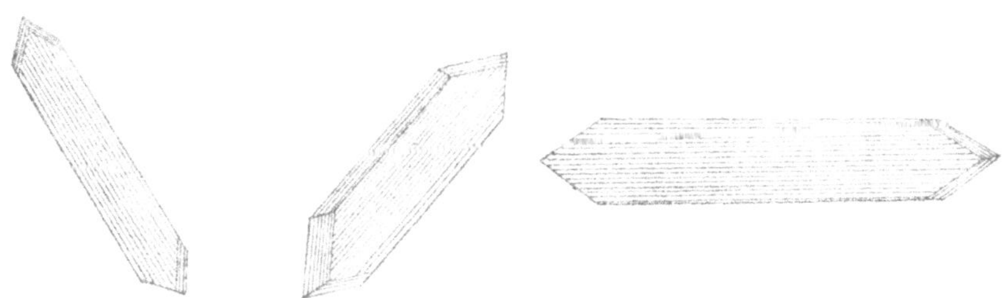

Fig. 26. **Cortex Quillaiae.** Kalkoxalatkristalle. Vergr. $385/1$.

Seifenrinde ist im Handel: a) als grosse Rindenstücke (Tafeln); b) grob geschnitten (Sieb 1, elect. conc.); c) fein geschnitten (Sieb 3, minut. conc.); d) als mittelfeines Pulver (Sieb 5); e) als feines Pulver (Sieb 6).

Untersuchung der unzerkleinerten Droge. — Zunächst schabe man, um die schon mit der Lupe sichtbaren Kristalle (Fig. 26) zu messen, von der trockenen Rinde etwas auf einen Objektträger ab und bringe das Pulver unter das Mikroskop. Bedecken mit Deckglas ist unnötig. Die Kristallprismen liegen massenhaft im Gesichtsfeld und werden bei schwacher Vergrößerung (100fach) gemessen (vergl. oben p. 6).

Den ferneren Anforderungen des Arzneibuchs wird durch Untersuchung von Querschnitten (Fig. 27) genügt. Da die Rinde beim Schneiden sehr stark bröckelt, ist es behufs Erzielung größerer Übersichtsbilder empfehlenswert, sie vor der Präparation durch Kochen in Wasser zu erweichen.

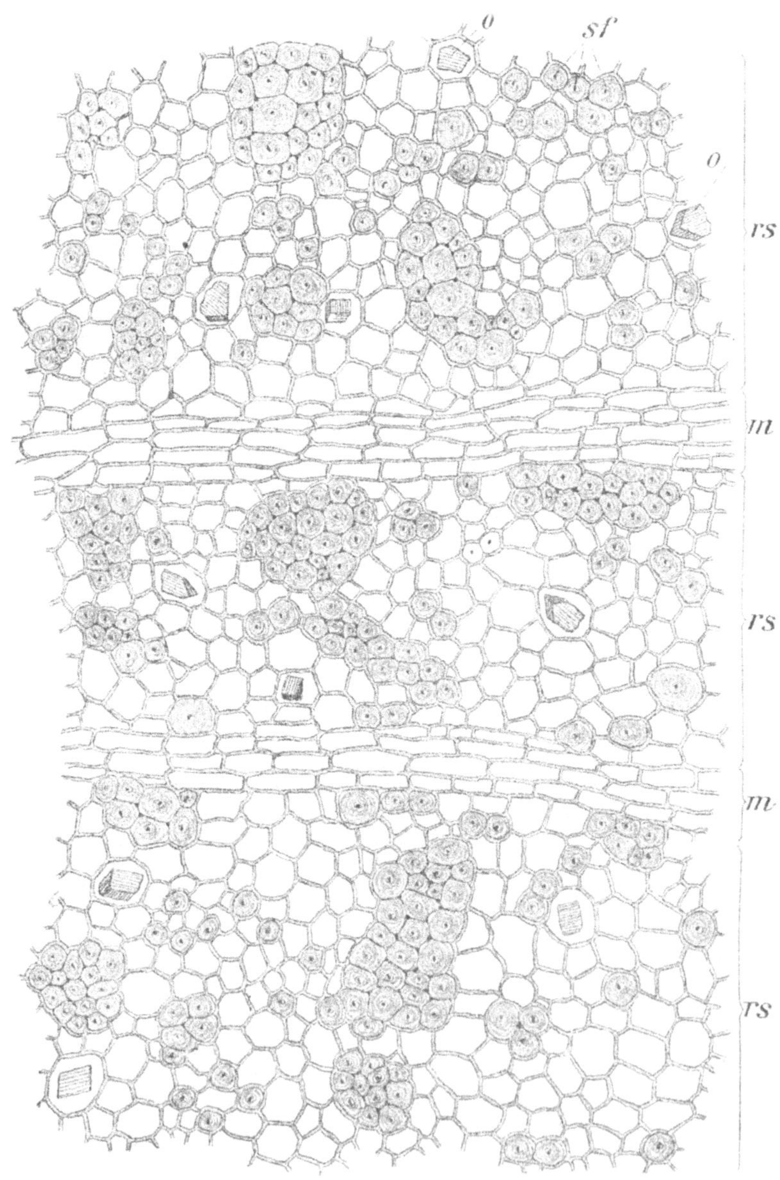

Fig 27. **Cortex Quillaiae.** Querschnitt. Vergr. $^{165}/_1$. — rs Rindenstränge; m Markstrahlen; o Kalkoxalat-Kristalle; sf Sklerenchymfasern.

Insbesondere bei schwächerer (100 facher) Vergrößerung sind die Merkmale der Droge unverkennbar sichtbar. Die (ungefähr) tangentiale Binden bildende Anordnung der Sklerenchymfasern kann nur bei einer schwachen Vergrößerung deutlich beobachtet werden, welche es erlaubt, eine große Fläche des Präparats zu übersehen. Auch die vielreihigen Markstrahlen fallen sofort auf. Gleichfalls sind die kristallführenden Parenchymzellen deutlich, aber die Kristalle sind auf Querschnitten stets zertrümmert resp. quer durchschnitten, weil sie der Längsachse der Rinde parallel gelagert sind.

Untersuchung der geschnittenen Droge. — Die gröbere Schnittform stellt elegante, ungefähr 5 mm lange und wesentlich breitere Plättchen, die feinere unregelmäßige schmale Splitter von gleicher Länge dar. Beide Drogenformen können leicht zwischen Kork geschnitten und wie die unzerkleinerte Rinde untersucht werden.

Untersuchung der Pulver. — In beiden Pulversorten bilden die intakt gebliebenen, seltener (im pulvis subtilis) zerbrochenen Kristalle weitaus das auffälligste Merkmal, gegen welches die übrigen Pulverelemente zurücktreten. Kork ist sehr wenig vorhanden; auch die Menge der (allermeist zerbrochenen) Sklerenchymfasern ist eine geringere, als man nach ihrem Vorwiegen auf dem Querschnitt erwarten möchte. Das Parenchym ist teilweise zerrieben, teilweise aber auch (im mittelfeinen Pulver besonders) noch in wohl charakterisierten Splittern vorhanden. Von der gegenseitigen Anordnung der Elemente in der Rinde ist nichts mehr erhalten.

Crocus. — Safran.

Die Narbenschenkel besitzen die Form einer seitlich aufgeschlitzten sich nach unten zu verengenden Röhre, deren oberer Rand gekerbt und **mit Narbenpapillen besetzt ist. In den Grund jedes Narbenschenkels tritt ein einziges, zartes Leitbündel ein, welches sich nach oben zu wiederholt gabelig verzweigt, so daß im oberen, breiten Teil ungefähr 20 Gefäßbündel endigen.**

Die offizinellen Safran-Narben sind unzerkleinert und geschnitten im Handel.

Um dieselben mikroskopisch zu untersuchen, verfährt man folgendermaßen: Man weicht die Droge entweder eine Stunde lang in kaltem Wasser ein oder kocht sie eine Minute lang in Wasser. Dadurch erhalten die Narben wieder ihre natürliche Form. Nun sucht man sich mit der Lupe eines der tütenförmigen Narbenenden (Fig. 28) heraus, legt es auf den Objektträger in einen Tropfen Wasser und entfaltet mit zwei Nadeln vorsichtig das Organ. Angewendet wird schwächste

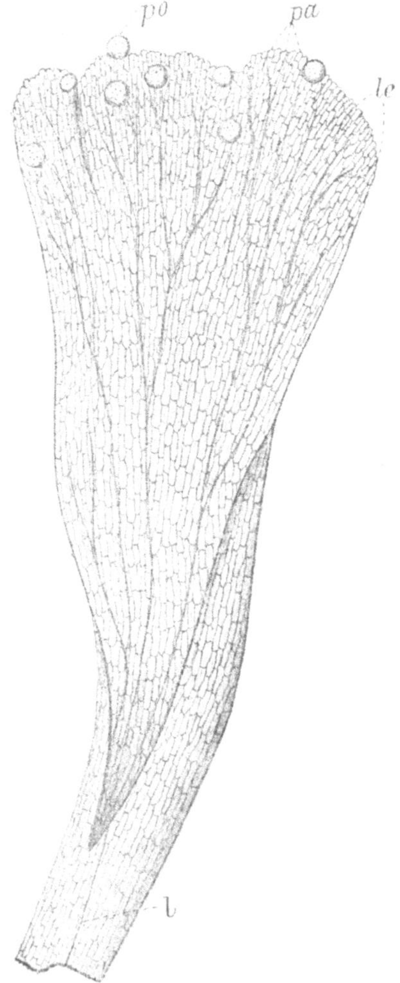

Fig. 28. **Crocus.** Narbenschenkel. Vergr. $^{25}/_1$. — l ungeteiltes Leitbündel; le Leitbündel-Endigungen; pa Narbenpapillen; po Pollenkörner.

Vergrößerung (20—30fach). Man sieht nun besonders am oberen breiten Rand des Narbenschenkels die Narbenpapillen leicht; die bei senkrecht durchfallendem Licht weißlichen, bei schräger Beleuchtung grau-schwarzen Nerven sind sehr dünn, aber doch als Linien sofort zu sehen.

Cubebae. — Kubeben.

Auf der Bruchfläche der Fruchtwand erkennt man die verhältnismäßig helle innere Hartschicht, **welche aus 2 bis 3 Lagen mehr oder weniger dickwandiger, wenig radial gestreckter Sklerenchymzellen besteht. In der mittleren, Sekretzellen führenden Parenchymschicht der Fruchtwand liegen keine Sklerenchymzellen, solche bilden aber unmittelbar unter der Epidermis eine ein= bis zweischichtige Zellage.**

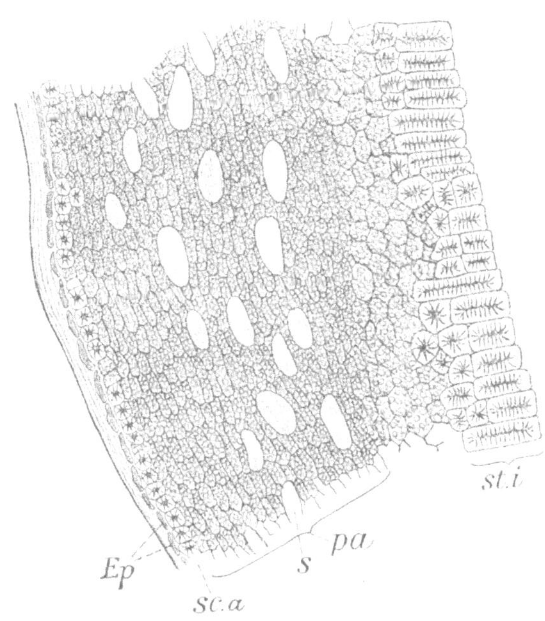

Fig. 29. **Cubebae.** Querschnitt durch die Fruchtwand. Vergr. $^{115}/_1$. — Ep Epidermis; sc.a äußere Sklerenchymschicht; pa äußeres Parenchym der Fruchtwand; s Sekretzellen; st.i innere Sklerenchymschicht.

Kubeben werden gehandelt: a) als ganze Früchte; b) geschnitten (Sieb 3, minut. conc.); c) als mittelfeines Pulver (Sieb 4—5); d) als feines Pulver (Sieb 6).

Untersuchung der unzerkleinerten Droge. — Die vom Arzneibuch vorgeschriebenen Merkmale werden an Querschnitten durch die Fruchtwand beobachtet, welche auf folgende Weise hergestellt werden:

Man wähle zur Präparation eine Frucht mit so langem „Stiel", daß man denselben fest fassen kann, schneide mit dem Skalpell die obere Hälfte derselben ab und gewinne dann mit dem Rasiermesser die weiteren feinen Querschnitte. Die Droge wird trocken geschnitten; obgleich sie etwas bröckelig ist, macht es doch keine besonderen Schwierigkeiten, gute Präparate zu erhalten.

Zunächst betrachtet man die Schnitte (Fig. 29) vorteilhafterweise in Wasser; bis auf die Steinzellen und die Sekretzellen sind alle übrigen Zellen dicht mit Stärke erfüllt. Dadurch treten besonders die Sekretzellen als große helle Ellipsen deutlich hervor.

Dann füge man dem Präparat vom Rande des Deckglases her Kalilauge zu. Die vom Arzneibuch hervorgehobenen Schichten treten ohne weiteres hervor; man sieht schon bei 100facher Vergrößerung leicht, daß sie aus hellen, stark lichtbrechenden, mit feinen Poren versehenen Sklerenchym-(Steinzell-)Elementen gebildet sind.

Die Beschreibung des Arzneibuchs ist insofern nicht ganz zutreffend, als wenigstens typische, in der Mitte der Frucht angelegte Querschnitte die innere Sklerenchymschicht meist aus bedeutend radial gestreckten Zellen gebildet aufweisen.

Untersuchung der geschnittenen Früchte. — Cubebae minutim concisae bestehen der größten Menge nach aus unregelmäßig zerbrochenen Fruchtschalen, zwischen welchen auch lange, oft gespaltene „Stiel"-Fragmente und die freien, unreifen, gerunzelte Körner darstellenden Samen sich reichlich finden. — Die Schalenfragmente werden leicht zwischen Kork geschnitten, doch achte man darauf, Fragmente zur Untersuchung zu wählen, an welchen die mit der Lupe deutlich sichtbare gelbe innere Hartschicht sich nicht losgelöst hat.

Untersuchung der Pulver. — Es ist empfehlenswert, behufs mikroskopischer Untersuchung das mittelfeine Pulver in der Reibeschale soweit zu zerkleinern, daß es sich nicht mehr körnig anfühlt. Die Anordnung der Zellelemente in solchem Pulver ist doch nicht mehr klar erkennbar und die großen dunklen Schollen desselben hindern ein genaues Eindringen in die Einzelheiten. Das feine Pulver dagegen ist für die Betrachtung direkt geeignet. Man lege die Pulver gleich in Kalilauge ein und findet dann schon bei schwacher Vergrößerung sowohl die (hellgelbe Brocken bildenden) Steinzellen, wie auch die (oft dunkelbraunen) Sekretzellen leicht. — Sehr langgestreckte oder isodiametrische, aber relativ dünnwandige Sklerenchymelemente stammen aus dem „Stiel", sehr kleinzellige, regelmäßig gebaute Parenchymfragmente aus dem Samen der Droge. Die Steinzellen der Fruchtschale wie die Parenchymreste derselben sehen wie auf der Querschnittsfigur aus.

Flores Arnicae. — Arnikablüten.

Sie sind rotgelb und besitzen einen schwach fünfkantigen Fruchtknoten, welcher mit aufwärts gerichteten, **aus 2 seitlich verbundenen Zellen bestehenden Haaren** besetzt ist. Der blaßgelbliche Pappus besteht aus einer Reihe steifer Borsten, **deren Epidermiszellen auf der flachen Innenseite der Haare glatte Wände besitzen, auf der konvexen Außenseite in schräg aufwärts gerichtete, einfache Spitzen auswachsen.**

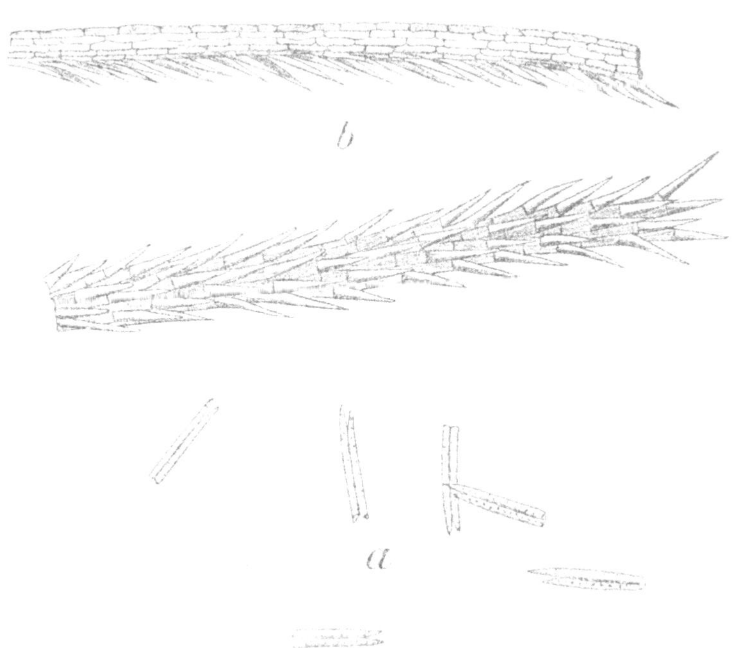

Fig. 30. **Flores Arnicae.** Vergr. $^{165}/_1$. — b Pappusstrahlen, der obere von der Seite, der untere von außen gesehen; a Zwillingshaare des Fruchtknotens.

Arnikablüten werden gehandelt: a) u n z e r k l e i n e r t, sine calycibus; b) als p u l v i s g r o s s u s (Sieb 4—5); c) als p u l v i s s u b t i l i s (Sieb 6).

Untersuchung der unzerkleinerten Blüten. — Die zu zweien seitlich verbundenen Haare (Fig. 30a) werden ohne weiteres gesehen, wenn man einen ganzen Fruchtknoten, so wie er ist, unter das Mikroskop legt und ihn in Luft mit schwacher Vergrößerung (40—50fach) betrachtet. — Auch die Pappusborsten (Fig. 30b) werden in Luft bei gleicher oder etwas stärkerer Vergrößerung (100fach) untersucht; viele liegen auf ihrer glatten Fläche und strecken die spitz kegelförmigen Zähne nach oben, an andern wird man leicht die einseitige Stellung der Zähne sehen.

Untersuchung der Pulver. — In beiden Pulvern bleiben die seitlich verbundenen Haare, obgleich zerbrochen, ein leicht sichtbares und charakteristisches Merkmal. Die Pappusborsten dagegen verändern sich beim Zermahlen der Blüten stark. Im groben Pulver sieht man viele unverkennbare Fragmente derselben, welchen die Zähne abgerissen sind und nur relativ wenige lassen die einseitige Bezahnung noch gut erkennen; im feinen Pulver ist kaum ein Fragment des Pappus, welches die Zähne noch hätte. Diese liegen als spitze Kegel getrennt in den Pulvern massenhaft umher.

Flores Cinae. — Zitwerſamen.

Ihr Hüllkelch beſteht aus 12 bis 20 breit-elliptiſchen bis lineal-länglichen, ſtumpfen, mit farbloſem, häutigem Rande und über dem Mittelnerven mit einer kielförmigen Erhöhung verſehenen, grünlichen Blättchen, **welche mit gelblichen Drüſen und meiſt mit einer geringen Anzahl einzelliger Haare beſetzt ſind.**

Flores Cinae werden unzerkleinert, sowie als pulvis grossus (Sieb 4—5) und pulvis subtilis (Sieb 6) gehandelt.

Untersuchung der unzerkleinerten Droge. — Die Blütenköpfchen werden auf dem Objektträger in Wasser mit zwei Nadeln derart zerzupft, daß die Hüllkelchblätter (Fig. 31) einzeln liegen. Dann wird das Deckglas aufgelegt und das Präparat mit ganz schwacher Vergrößerung (30—50fach) betrachtet. Es treten die vom Arzneibuch angegebenen Merkmale sofort deutlich hervor. Die gesamte Farbe der Blättchen ist grünlich, der hyaline Rand mehr gelblich, die großen Drüsen sind gelb. Dieselben bestehen aus zwei Zellen, was an den in jüngerem Entwicklungsstadium befindlichen leicht zu sehen ist. Die Haare sind sehr lang, geschlängelt oder kraus. Spaltöffnungen sind nicht selten.

Untersuchung der Pulver. — Die Pulver werden zweckmäßigerweise in Chloralhydrat eingelegt und darin betrachtet. Abgesehen von den am ganzen Hüllblättchen beobachtbaren Elementen treten darin noch hervor spärliche, feine Ring- und Spiralgefäße,

Pollenkörner aus den Blüten und feine Oxalatdrusen aus den Geweben. Die Haare liegen unversehrt in den Präparaten; die Drüsen treten nur im pulvis grossus reichlicher (aber fast alle losgerissen) auf, im pulvis subtilis sind sie allermeist zerrieben. Höchst auffällig, besonders im groben Pulver, sind die Fragmente des hyalinen Randes der Hüllschuppen.

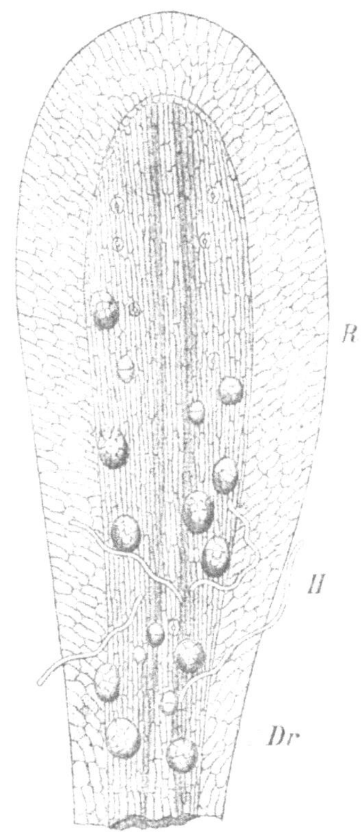

Fig. 31. **Flores Cinae.** Kleines Hüllblättchen. Vergr. $^{70}/_1$. — R hyaliner Rand; H Haar: Dr Drüsen.

Flores Koso. — Kosoblüten.

Kosoblüten-Pulver soll nur die Bestandteile der weiblichen Blüte und der beiden Vorblätter enthalten; demnach sollen darin weder Pollenkörner, noch Bruchstücke von Tracheen, welche weiter als 0,002 mm sind, vorhanden sein.

Weibliche Kosoblüten werden gehandelt: a) in ganzen, ge-
bündelten Blütenständen; b) gerebelt (Blüten abgestreift von
den Achsenorganen); c) als feines Pulver (Sieb 6, pulvis subtilis).

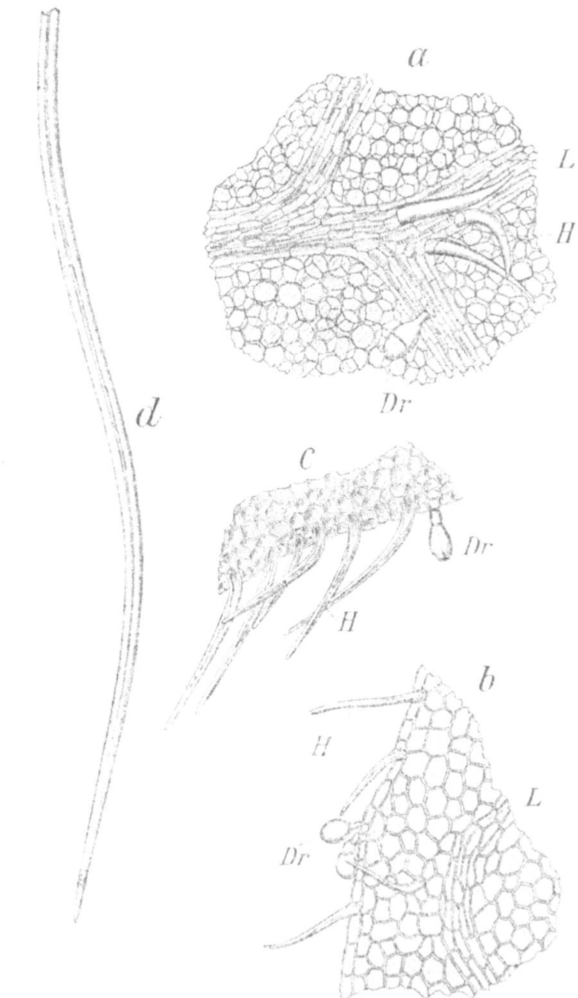

Fig. 32a. **Flores Koso.** Teile des Pulvers. Vergr. $^{110}/_1$. — a Stück eines Blumenblattes
(L Leitbündel, H Haar, Dr Drüsenhaar); b Stück eines Kelchblattes; c Partikel vom
Blütenstiel; d Haar vom Blütenstiel.

Untersuchung des Pulvers. — Dasselbe wird in Chloralhydrat
eingelegt und betrachtet. Nur in ganz vereinzelten Fällen und beim
Durchsuchen vieler Präparate wird man so große Fragmente finden,

wie sie unsere Figur (Fig. 32 a) ergiebt. Als kenntliche, vorwiegende Bestandteile des Pulvers sind immer deutlich die Fragmente der englumigen, glatten, dickwandigen Haare, an welchen man vielfach Stellen finden wird, wo das Lumen vollkommen ausgefüllt ist. Diese Fragmente sehen zerbrochenen Sklerenchymfasern täuschend ähnlich und wurden auch schon für solche ausgegeben. Ferner treten die meist rechteckigen Bruchstücke der massenhaft vorhandenen, aus kleinen langgestreckten Zellen gebildeten Nervillen hervor. In solchen wird man leicht die sehr feinen Spiralgefäße auffinden. Das Parenchym ist meist zerrieben, die Drüsenhaare begegnen nur ausnahmsweise. Ein Gleiches sollte von den Pollenkörnern (Fig. 32 b) gelten, welche aber in den meisten Pulvern nicht selten sind. Ein absoluter Ausschluß der Pollen-

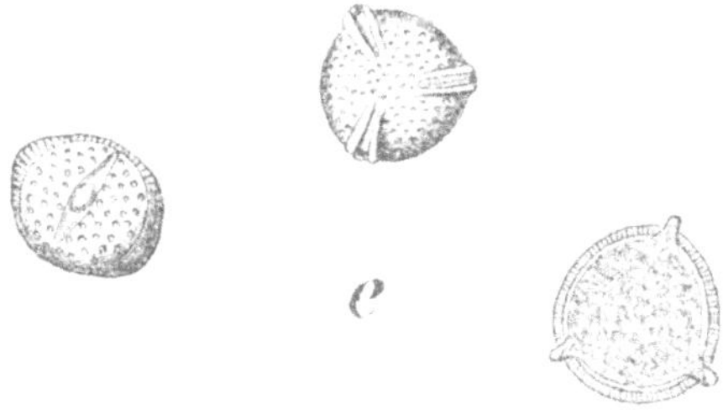

Fig. 32b. **Flores Koso.** Pollenkörner. Vergr. $^{385}/_1$.

körner, wie ihn das Arzneibuch fordert, ist nicht angängig, weil auch die befruchteten weiblichen Blüten solche, eben wegen des Befruchtungsaktes, an der Narbe führen.

Flores Verbasci. — Wollblumen.

Mit den Kronenlappen wechseln 5 Staubblätter ab, von denen die beiden rechts und links von dem größten Lappen stehenden kahl, die übrigen **mit einzelligen, keulenförmigen Haaren** besetzt sind.

Wollblumen sind unzerkleinert und grob geschnitten im Handel.

Mit unbewaffnetem Auge erkennt man leicht die behaarten Staubfäden. Man nimmt mit der Pinzette etwas von dem dichten Filz derselben ab, bringt die Haarflocke in Wasser, zerfasert mit zwei Nadeln

derart, daß die Haare einzeln liegen, fügt Chloralhydrat zu und untersucht bei schwacher Vergrößerung.

Die Haare (Fig. 33) sind sehr lange, am äußersten Ende keulig
aufgeschwollene Schläuche mit fein warzig punktierter Membran. Häufig
führen sie im Innern Sphärokristalle. — Die praktische Bedeutung der
Untersuchungsvorschrift des Arzneibuches ist gering.

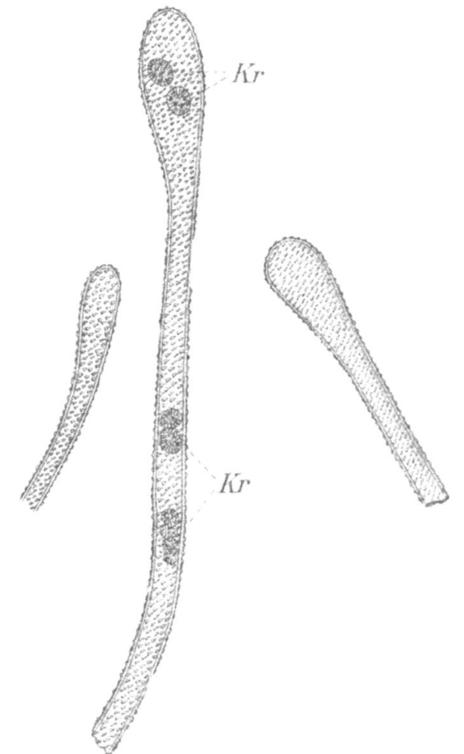

Fig. 33. **Flores Verbasci.** Staubfaden-Haare. Vergr. $^{105}/_1$. — Kr Sphärokristalle.

Folia Althaeae. — Eibiſchblätter.

Jhre Spreite iſt **auf beiden Seiten dicht mit Büſchelhaaren beſetzt.**

Eibischblätter werden in folgenden Formen gehandelt: a) un-
zerkleinert; b) grob geschnitten (Sieb 1); c) als grobes Pulver
(Sieb 4); d) als mittelfeines Pulver (Sieb 5); e) als feines Pulver
(Sieb 6).

Untersuchung der ganzen Blätter. — Den klarsten Überblick über den Bau der Eibischblätter bieten Querschnitte (Fig. 34). Dieselben werden angefertigt, indem man ein Blatt kurz aufkocht, mehrmals zusammenfaltet, um dadurch ein bequem handliches Paket zu erhalten, fein abgenommen und in Chloralhydrat betrachtet. Abgesehen von den unverkennbaren, auf beiden Seiten vorhandenen Büschelhaaren treten auch Oxalatdrusen, Mesophyll und beiderseitige Epidermis des Blattes deutlich hervor.

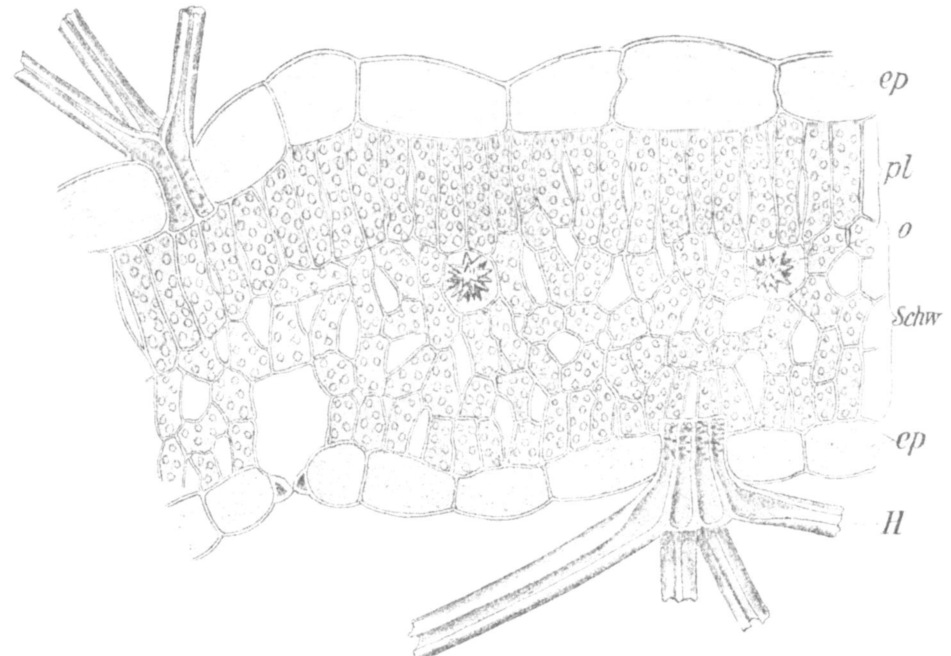

Fig. 34. **Folia Althaeae.** Blattquerschnitt. Vergr. $^{385}/_1$. — ep Epidermis; pl Palissadenparenchym; o Oxalatdruse; Schw Schwammparenchym; H Büschelhaar.

Einfacher wird der Forderung des Arzneibuches nachgekommen, indem man von einem aufgeweichten Blatt mit dem Skalpell den Filz abschabt. Man achte darauf, zwei Präparate, von Oberseite und Unterseite des Blattes getrennt, zu machen und betrachte dieselben bei schwacher Vergrößerung in Wasser.

Die Büschelhaare (Fig. 35) fallen sofort auf; sie sehen ausgerupften Grasbüscheln ähnlich.

Untersuchung der geschnittenen Droge. — Folia Althaeae concisa stellen grüne, weichfilzige, unregelmäßige Blattfragmente von

durchschnittlich 3 mm Länge und Breite dar. Zur Untersuchung koche
man eine Partie derselben kurz in Wasser auf und lege in der eben
geschilderten Weise Schabepräparate an.

Untersuchung der Pulver. — Die Pulver werden zur Untersuchung in Chloralhydrat eingelegt und darin betrachtet. Das flockige,
grobe Pulver besteht aus schollenförmigen Blattfragmenten, welche
stets die Büschelhaare noch intakt und wie in einem Stück Erde ein-
gepflanzt enthalten. Im mittelfeinen Pulver sind die Büschelhaare

Fig. 35. **Folia Althaeae**. Büschelhaare. Vergr. $^{70}/_1$.

fast alle von der Blattsubstanz abgelöst und meist derart geteilt, daß
die Einzelhaare zwar getrennt, aber doch unversehrt vorliegen. Häufig
findet man allerdings auch Büschelhaare, deren Strahlen abgebrochen
sind und deren zusammenhängende, poröse Basalteile vorliegen. Im
feinen Pulver sind auch fast alle Einzelhaare zerbrochen; die Büschelhaare können aber doch mit Hilfe einzeln auftretender noch zusammen-
hängender Basalteile nachgewiesen werden.

Von auffallenden, nicht dem Blattgewebe angehörigen Elementen,
welche besonders in den Pulvern die Aufmerksamkeit auf sich lenken,

seien die stachligen, kugelförmigen Pollenkörner der Pflanze, sowie kugelige, braun gefärbte, bei starker Vergrößerung fein stachlige, oft noch einem farblosen Stielchen aufsitzende Sporen von *Puccinia malvacearum* besonders erwähnt.

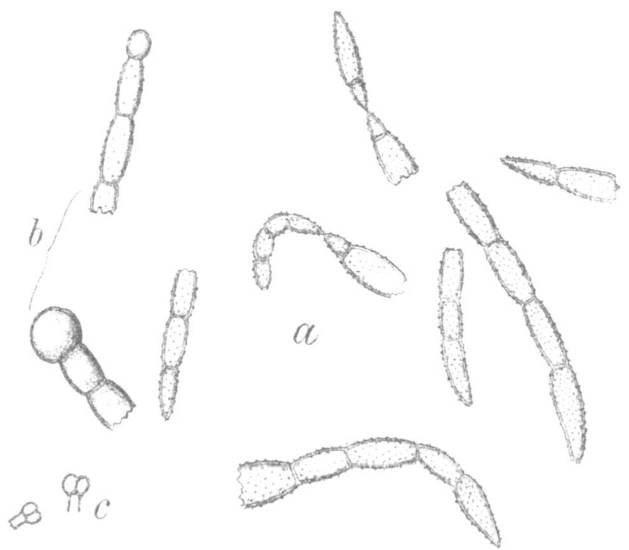

Fig. 36. **Folia Digitalis**. Haarformen. Vergr. $^{115}/_1$. — a Mehrzellige Deckhaare; b Drüsenhaare mit einfachem Kopf; c Drüsenhaare mit zweizelligem Kopf.

Folia Digitalis. — Fingerhutblätter.

Die Spreite ist nur mit mehrzelligen (meist ein= bis vierzelligen), spitz zulaufenden Haaren und mit kopfigen Drüsenhaaren besetzt. Oxalatkristalle fehlen dem Blattgewebe.

Fingerhutblätter werden gehandelt: a) unzerkleinert; b) geschnitten (Sieb 2); c) als grobes Pulver (Sieb 4—5); d) als feines Pulver (Sieb 6).

Untersuchung der unzerkleinerten und geschnittenen Droge. — Die Haare (Fig. 36), welche nicht meist ein- bis vierzellig, sondern meist drei- bis vierzellig sind (doch kommen häufig auch 5—6zellige vor), werden leicht durch Abschaben der Blattunterseite gewonnen und in Wasser oder Chloralhydrat betrachtet. Die etwas selteneren Drüsenhaare pflegen glatt, die Deckhaare fein gekörnt zu sein. Unter den Drüsenhaaren treten zwei Typen hervor, nämlich große Haare mit mehrzelligem Stiel und einzelligem Köpfchen und sehr kleine, im Schabepräparat nur selten erscheinende mit ganz kurzem, einzelligem Stiel und stets zweizelligem Köpfchen. — Daß das Blatt keine Kristalle führt, wird zweckmäßig am zerquetschten Präparat gesehen. Man kocht einige Blattfragmente entweder in Wasser 10 Minuten lang, zerdrückt dann eines derselben in Chloralhydrat und verteilt in der Flüssigkeit mit zwei Nadeln oder man kocht 2—3 Minuten in Eau de Javelle und zerdrückt das Präparat in Wasser. Vorhandene Kristalle müßten in dem Gewebebrei gefunden werden.

Untersuchung der Pulver. — Dieselben werden in Chloralhydrat eingelegt und betrachtet. Im pulvis grossus sind die Haargebilde deutlich und schön zu sehen bis auf die großen Drüsenhaare, deren Köpfchen beim Pulvern fast stets abbrechen. Dagegen sind sowohl die Deckhaare mit ihren teilweise kollabierten Zellen, wie besonders auch die kleinen Drüsenhaare zusammen mit dem Mangel an Kalkoxalat genügend, um die Droge zu erkennen. Im pulvis subtilis dagegen fehlen alle charakteristischen Elemente, weil die Haare darin völlig zertrümmert sind, so vollständig, daß seine Identifikation nur durch sehr mühsamen Vergleich mit Pulver bekannten Ursprungs (und dann auch nur schwer mit absoluter Sicherheit) erfolgen kann.

Folia Farfarae. — Huflattichblätter.

Ihre Spreite ist oberseits dunkelgrün, **unterseits durch mehrzellige, peitschenförmige Haare weißfilzig.**

———

Folia Farfarae werden gehandelt: a) unzerkleinert; b) grob geschnitten (Sieb 1); c) als grobes Pulver (Sieb 4—5); d) als feines Pulver (Sieb 6).

Untersuchung der unzerkleinerten und geschnittenen Droge. — Der Filz, welcher die Unterseite der Blätter schneeweiß überzieht, besteht aus stark gekräuselten, ineinander verworrenen Haaren (Fig. 37). Man schabt von ihm, dicht am Blatt das Skalpell ansetzend, ein wenig ab, legt das gewonnene Haarbüschel in Wasser, zerfasert es mit zwei Nadeln, setzt einen Tropfen Chloralhydrat zu und betrachtet bei schwacher (50fach) Vergrößerung.

Der Ausdruck „peitschenförmig" ist vorzüglich zutreffend: die Haare gleichen durchaus Reitpeitschen mit dickem Stiel. Die Angabe

über ihre Mehrzelligkeit bezieht sich auf den relativ kurzen und zart-
wandigen Basalteil; dagegen ist das lange, schlanke und dickwandige
Ende einzellig.

Untersuchung der Pulver. — Die Pulver werden in Chloralhydrat eingelegt und darin betrachtet. Insbesondere im pulvis
grossus sind die Haare das auffälligste Element; im pulvis subtilis
treten ihre Fragmente quantitativ viel mehr zurück. Die geschlängelt-
verbogene Gestalt der Haare tritt in beiden Pulvern deutlich hervor,
nicht aber die Mehrzelligkeit. Es kommt dies daher, daß der Basalteil

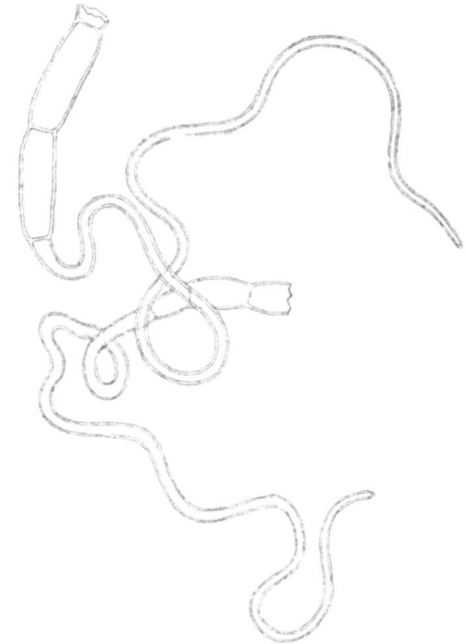

Fig. 37. **Folia Farfarae.** Haare von der Blattunterseite. Vergr. $^{110}/_1$.

fast stets zerbricht. Auch im groben Pulver ist es Regel, daß man
vorwiegend das einzellige lange Peitschenende, häufig noch mit seinem
etwas verbreiterten Grunde sieht, während Fragmente der mehrzelligen
Basalteile erst bei längerem, genauem Suchen gefunden werden.

Folia Jaborandi. — Jaborandiblätter.

Die zahlreichen durchscheinenden Punkte der Spreite rühren von intercellularen Sekretbehältern her. Die Dicke der einfachen Schicht von
Palissadenzellen beträgt ungefähr $^1/_5$ der Dicke der Blattspreite.

Jaborandiblätter sind im Handel: a) unzerkleinert (die Fieder-
blättchen des zusammengesetzten Blattes samt Rhachis); b) geschnitten (Sieb 1); c) als grobes Pulver (Sieb 4—5); d) als feines
Pulver (Sieb 6).

Untersuchung der ganzen Droge. — Die vom Arzneibuch
angegebenen Merkmale werden auf Querschnitten (Fig. 38) studiert.
Zu deren Anfertigung kocht man ein Blatt kurz auf, faltet es mehrfach
zusammen, um ein gut handliches Paket zu erhalten, schneidet mit

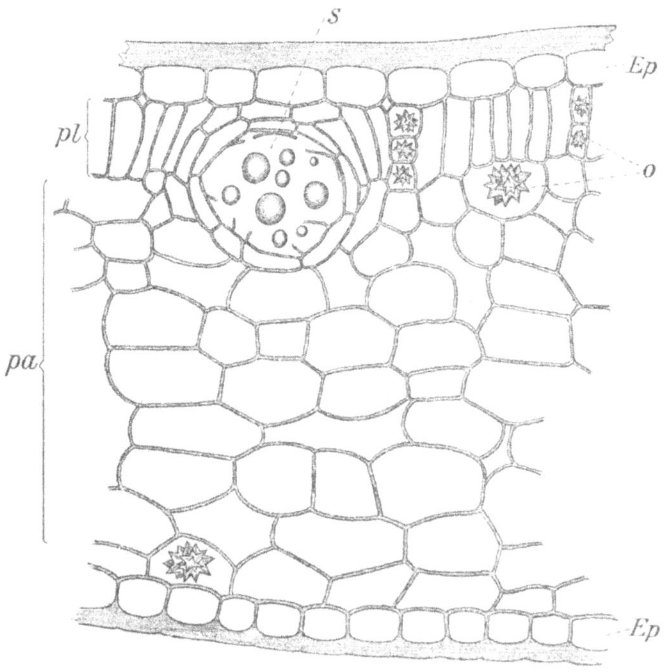

Fig. 38. **Folia Jaborandi.** Blattquerschnitt. Vergr. $^{260}/_1$. — Ep Epidermis; s Sekretraum;
pl Palissadenparenchym; pa Schwammparenchym; o Oxalatdrusen.

sehr scharfem Messer. Gute Präparate sind leicht zu erzielen; sie
werden in Chloralhydrat betrachtet. Auf Querschnitten sind die Sekretbehälter nicht ganz häufig, jedenfalls sind sie nur ausnahmsweise auf
jedem Schnitt eines Präparats zu finden. Sie fallen als große Lakunen
mit Tropfen des gelblichen Öls im Innern auf. Das Palissadengewebe
nimmt eine relativ sehr dünne Schicht unter der Blattoberseite ein;
es ist schon durch seine gesättigte grüne Farbe kenntlich. Die Hauptmasse des Querschnitts nimmt das großzellige Schwammparenchym
ein. Drusen von Kalkoxalat sind häufig.

Untersuchung der geschnittenen Droge. — Folia Jaborandi concisa stellen unregelmäßig geschnittene Blattfragmente von
durchschnittlich 4 mm Länge und Breite dar. Behufs Untersuchung
kocht man sie auf und schneidet sie zwischen Hollundermark.

Untersuchung der Pulver. — Behufs Untersuchung werden
die Pulver in Chloralhydrat eingelegt und betrachtet. Von den Merkmalen des Arzneibuchs bleibt in den Pulvern fast nichts mehr sichtbar. Insbesondere die geringe Dicke des Palissadenparenchyms ist in
gepulverter Ware nicht oder nur äußerst selten konstatierbar, weil diese
Zellschicht beim Pulvern zertrümmert wird. Nur vereinzelt erscheinen
im pulvis grossus große gelbbraune Flecke, welche durch anderes
Gewebe durchscheinende Sekretbehälter darstellen. Im übrigen sind in

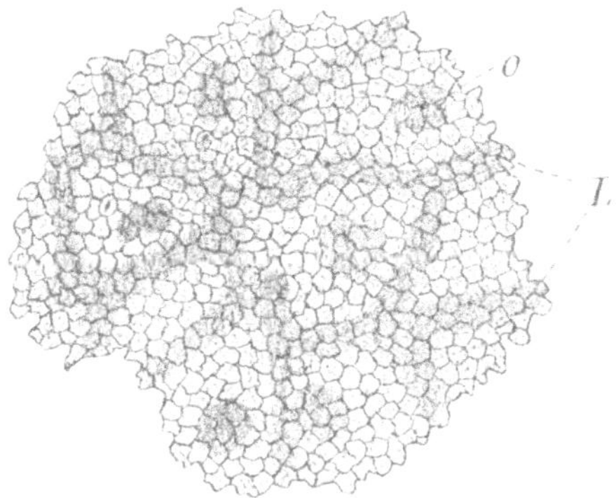

Fig. 39. **Folia Nicotianae.** Gebleichtes Blattstückchen. Vergr. $^{115}/_1$. — L Leitbündel; o
Kristallsand-Zellen.

beiden Pulvern Elemente der Gefäßbündel (Sklerenchymfasern und kleine
Tracheen) sowie Haare häufig. Letztere sind einzellig und dadurch gekennzeichnet, daß ihr Lumen meist nach der Basis zu verschwindet.
Im pulvis grossus fallen besonders breite Schollen der großzelligen,
mit Cuticularstreifen versehenen, oft auch (Blattunterseite) Spaltöffnungen
führenden Epidermis auf.

Folia Nicotianae. — Tabakblätter.

Die mehr oder weniger zahlreichen, mehrzelligen Haare und die
Drüsenhaare mit ein= bis zwanzigzelligen Köpfchen sind mit feiner,
längsstreifiger Cuticula versehen. Die Oxalatzellen enthalten Kristallsand.

Tabakblätter in ihrer offizinellen, nicht fermentierten Zubereitung werden gehandelt: a) unzerkleinert; b) geschnitten (Sieb 1); c) als pulvis grossus (Sieb 4—5); d) als pulvis subtilis (Sieb 6).

Untersuchung aller Formen der Droge. — Tabakblätter werden zweckmäßigerweise in gebleichtem Zustand untersucht. Man verfährt folgendermaßen:

Die unzerkleinerte und die geschnittene Droge wird ganz kurz in Wasser aufgekocht und dann von den Blättern mehrere je ca. 1 qcm große Stückchen, von der geschnittenen Form einige Teile, wie sie

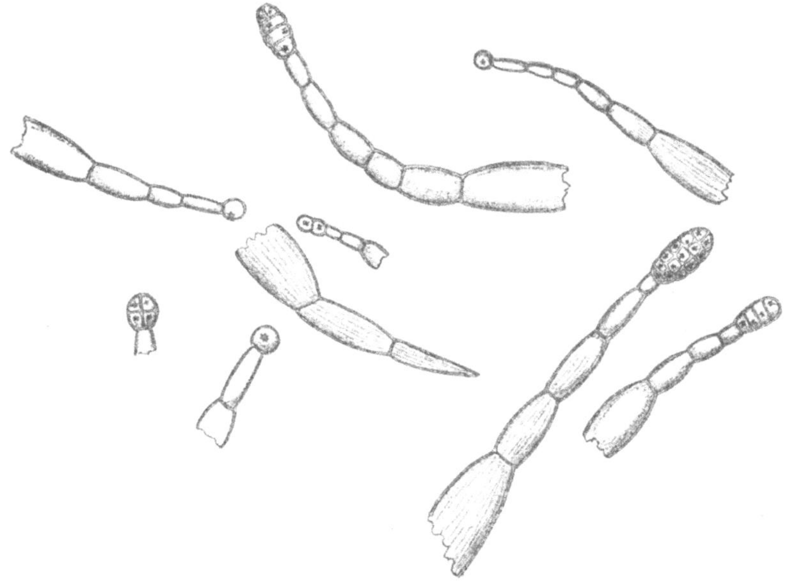

Fig. 40. **Folia Nicotianae.** Haarformen. Vergr. $^{115}/_{1}$.

vorliegen, in ein Uhrglas gelegt und mit Eau de Javelle so weit übergossen, daß reichlich Flüssigkeit vorhanden ist. Die Pulver können ohne vorheriges Kochen im Uhrglas in Eau de Javelle eingelegt werden; man sorge für ihre völlige Benetzung. Dann läßt man stehen, bis die Blatteile weiß geworden sind, was nach $^{1}/_{2}$—5 Stunden je nach dem Alter der Bleichflüssigkeit der Fall ist. Um letztere zu aktivieren, kann man in das Uhrschälchen auch einen Tropfen Salzsäure zugeben.

Die gebleichten Fragmente (Fig. 39) werden dann in Wasser bei intensiver Beleuchtung mit mittelstarker (150—200fach) Vergrößerung betrachtet.

Zunächst fallen feine dunklere Linien (die Nervillen) und dunkle, große Punkte oder Flecken auf. Diese sind die durchschimmernden Kristallsandzellen; sie können am gebleichten Präparat nicht verkannt werden. Nur vergewissere man sich durch Heben und Senken des Tubus, daß die dunklen Flecken nicht auf der Oberfläche des Präparats (anhaftender Schmutz) sondern im Innern desselben belegen sind.

Weiter sind an den gebleichten Präparaten die Haargebilde (Fig. 40), besonders den größeren Nerven reichlich aufsitzend, leicht zu finden und zu beobachten. In jeder Zelle der Drüsenhaarköpfe ist eine sehr kleine Kristalldruse sichtbar; dagegen beschränkt sich die vom Arzneibuche hervorgehobene Cuticularstreifung oft auf die untersten Zellen der Haare und ist überhaupt nicht immer mit Sicherheit nachweisbar.

Auch im feinen Pulver noch sind die Kristallsandzellen unschwer aufzufinden; die Haare dagegen sind hier meist zerbrochen. Drüsenköpfchen findet man reichlich.

Folia Salviae. — Salbeiblätter.

Ihre Spreite ist auf der Ober= und Unterseite mit dünnen, langen, ziem= lich dickwandigen, luftführenden, ein= bis fünfzelligen Haaren, kopfigen Drüsenhaaren und Drüsenschuppen besetzt.

———

Salbeiblätter sind im Handel: a) unzerkleinert; b) geschnitten (Sieb 1); c) als grobes Pulver (Sieb 4—5); d) als feines Pulver (Sieb 6).

Untersuchung der unzerkleinerten und geschnittenen Droge. — Um die Deckhaare (Fig. 41a), welche den starken Filz der Salbei-Blätter bilden, genauer zu sehen, genügt es, mit dem Skalpell etwas von der Oberfläche der Droge abzuschaben und in Wasser bei schwacher Vergrößerung zu betrachten. Die kleinen Drüsenhaare (Fig. 41 b) erscheinen in solchen Schabepräparaten nicht, weil sie in den tiefen Buchten des Blattes sitzen. Um sie zu beobachten, müssen Querschnitte der Blätter (am besten zwischen Hollundermark) angefertigt werden. Auch dickere Schnitte genügen in diesem Fall. Man findet zwei Sorten der Drüsenhaare, beide auf kurzem Stiel mit 1 bis 2zelligem Kopf, nur in der Größe verschieden. — Die Drüsenschuppen (große sitzende, kugelförmige Drüsenhaare) sind schon bei Lupenbetrachtung als glänzende, dem Blatt aufsitzende Körnchen sichtbar und werden deshalb weder hier noch für die andern offizinellen Labiaten-Blätter, wo sie die Lupe gleichfalls genügend zeigt, abgebildet.

Untersuchung der Pulver. — Dieselben werden in Chloralhydrat betrachtet. Im groben Pulver sind die Haare meistens intakt; sie charakterisieren sich gut durch das deutliche, lufterfüllte und deshalb schwarze Lumen, welches aber an der Basis derart ver

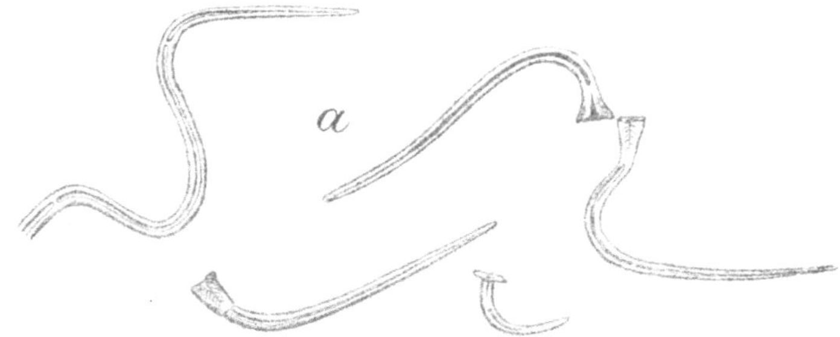

Fig. 41a. **Folia Salviae**. Deckhaare. Vergr. $^{115}/_1$.

schwindet, daß die unterste Zelle des Haars fast ganz oder völlig solid erscheint. Die Drüsenhaare suche man in diesem Pulver am Rand der die Hauptmasse des Präparats ausmachenden Blattgewebs-Schollen.

Im feinen Pulver ist kaum ein Haar mehr intakt, aber die ausgefüllten Basalteile bleiben gut kenntlich. Drüsenhaare findet man hier

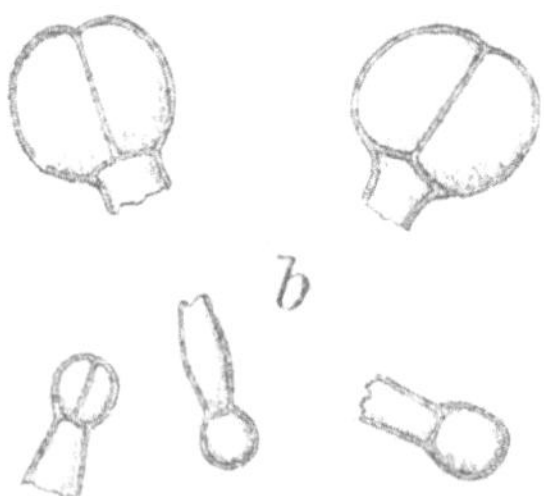

Fig. 41b. **Folia Salviae**. Drüsenhaare. Vergr. $^{385}/_1$.

schwer, immerhin sind sie teilweise erhalten. Man durchmustere, um sie zu finden, das Präparat mit schwacher Vergrößerung und vergrößere dunkel oder doch deutlich gelbe kugelige Körperchen dann stärker. Es pflegen dies die Köpfchen der kleinen Drüsenhaare zu sein.

Folia Sennae. — Sennesblätter.

Die Epidermis beider Seiten besteht aus vieleckigen, geradwandigen Zellen und enthält einzellige, dickwandige Haare. Unter jeder

Epidermis liegt eine Schicht von Palissadenzellen; die Mittelschicht des Mesophylls wird von rundlichen Zellen gebildet.

Sennesblätter sind nur noch in der Tinevelly-Sorte offizinell. Sie werden gehandelt: a) unzerkleinert; b) geschnitten (Sieb 1);

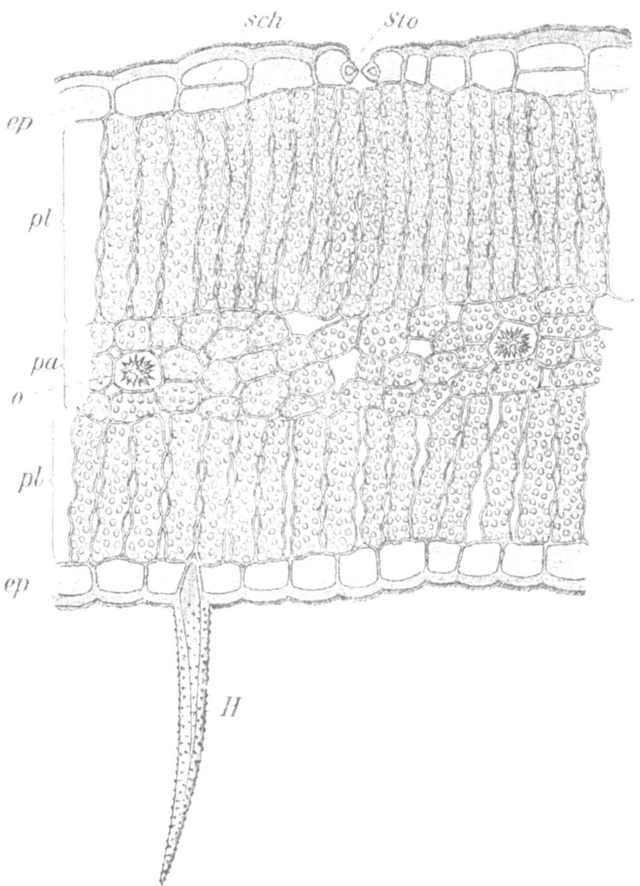

Fig. 42. **Folia Sennae.** Blattquerschnitt. Vergr. $^{256}/_1$. — ep Epidermis; sch Schleimhypodermzelle; Sto Spaltöffnung; pl Palissadenparenchym; pa Schwammparenchym; o Kalkoxalat-Druse; H Haar.

c) als grobes Pulver (pulvis grossus, Sieb 4—5); d) als feines Pulver (pulvis subtilis, Sieb 6).

Untersuchung der unzerkleinerten Droge. — Sennesblätter geben bei ihrer dicken Konsistenz leicht gute Präparate. Man muß, um den Anforderungen des Arzneibuchs nachzukommen, Oberflächen- und Querschnitte machen.

Zunächst kocht man mehrere Blätter kurz in Wasser auf, um sie zu erweichen, nimmt eines heraus, faltet es mehrfach zusammen und macht, am leichtesten zwischen Hollundermark, feine Querschnitte (Fig. 42).

Man lege die Schnitte in Chloralhydrat; die auf beiden Blattseiten vorhandenen, aus langgestreckten, oft stark gewellten Zellen gebildeten Palissadenschichten sind ebenso deutlich wie das Mesophyll. Letzteres zeigt die ungefähr isodiametrische Form seiner Zellen aber nur dort, wo kein Nerv in der Nähe ist; wo dies der Fall ist, sind die Mesophyllzellen deutlich und oft sehr lang gestreckt. Auch die Haare

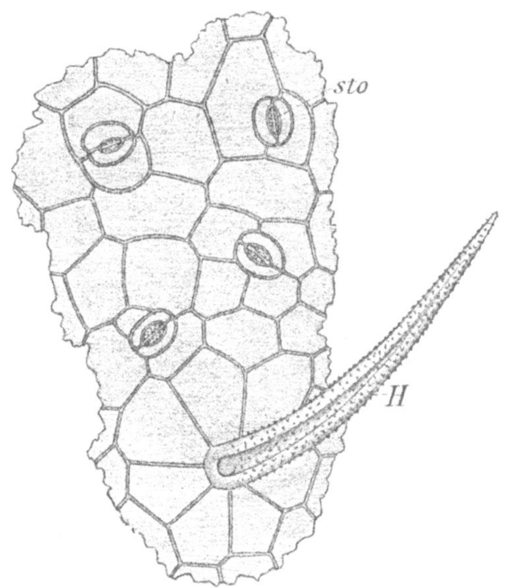

Fig. 43. **Folia Sennae.** Oberflächenschnitt. Vergr. $^{256}/_1$. — sto Spaltöffnungen; H Haar.

sind an Querschnitten sehr charakteristisch zu sehen, nur sind sie nicht so häufig, daß man darauf rechnen könnte, sie an jedem Schnitt zu finden.

Ein weiteres der aufgekochten Blättchen benützt man für die Anfertigung der Flächenschnitte (Fig. 43), welche von beiden Blattseiten als getrennte Präparate anzulegen sind. Man spanne, um sie zu machen, das Blättchen über den Zeigefinger der linken Hand und schneide ganz flach. Diese Präparate können in Wasser betrachtet werden. Sie zeigen die vom Arzneibuch geforderten Verhältnisse ohne alle Unklarheit. Spaltöffnungen sind auf beiden Blattseiten vorhanden.

Untersuchung der geschnittenen Droge. — Dieselbe besteht aus unregelmäßig zerbrochenen, durchschnittlich 5 mm langen Blattstückchen. Querschnitte erzielen sich leicht zwischen Hollundermark, Oberflächenschnitte dagegen sind schwieriger zu gewinnen. Um dieselben zu umgehen, bleiche man einige der Blattfragmente in Eau de Javelle (vergl. oben p. 58), was nach 2—5 Stunden fertig ist. Davon nehme man eines aus der Flüssigkeit, spüle es in Wasser ab, lege es in einen Tropfen Wasser auf den Objektträger und schneide es in zwei Teile. Einen dieser Teile drehe man um; dadurch hat man die Sicherheit, beide Blattseiten im Präparat sehen zu können. Nachdem das Deckglas aufgelegt ist, betrachte man bei starker Beleuchtung mit schwacher Vergrößerung. Die Epidermiszellen treten in ihrer Form sehr klar hervor.

Untersuchung der Pulver. — Dieselben werden in Chloralhydrat eingelegt. Das grobe Pulver gibt oft in schönster Weise direkte Querschnittsbilder mit dem typischen Bau; die Hauptmenge der Fragmente jedoch zeigt die Epidermis mit Spaltöffnungen und Haaren. Man achte darauf, daß sehr viele Spaltöffnungen zu finden sind, welche von nur zwei angrenzenden Epidermiszellen umgeben sind. Weitere wichtige Elemente des pulvis grossus sind die großen Kristalldrusen und Fragmente der Gefäßbündel mit reihenweise gelagerten großen Einzelkristallen von Kalkoxalat. Die Haare sind nicht immer häufig, aber stets auffindbar und höchst charakteristisch. — Im feinen Pulver treten die Epidermisbilder sehr zurück, sind aber in kleinsten Fragmenten immer noch auffindbar; auch die Leitbündel-Partikel werden seltener. Dagegen gewinnen hier die (meist zerbrochenen) Haare die größte Bedeutung für die Erkennung der Droge.

Folia Stramonii. — Stechapfelblätter.

Die Oxalatzellen des Blattes führen Drusen.

Stechapfelblätter werden gehandelt: a) unzerkleinert; b) grob geschnitten (Sieb 1); c) fein geschnitten (Sieb 3); d) als grobes Pulver (Sieb 4—5); e) als feines Pulver (Sieb 6).

Untersuchung der unzerkleinerten und geschnittenen Droge. — Im allgemeinen wird man bei der Untersuchung von Folia Stramonii schon dadurch zu genügendem Resultat kommen, daß man

die ganzen oder geschnittenen Blätter 5 Minuten lang in Wasser kocht
und sie dann in einem Tropfen Chloralhydrat auf dem Objektträger
zu einem Brei zerdrückt.   Die große Drusen führenden Oxalatzellen
(Fig. 44) treten dadurch deutlichst hervor. — Noch besser ist es, kurz
aufgekochte Blattstückchen 10—15 Minuten in Eau de Javelle zu
bleichen (vergl. oben p. 58) und im Wasser zu betrachten.   Dadurch
erhält man nicht nur Klarheit über die Drusen, sondern sieht auch
in der Nähe der Gefäßbündel dunkle Kristallsandzellen, man findet die

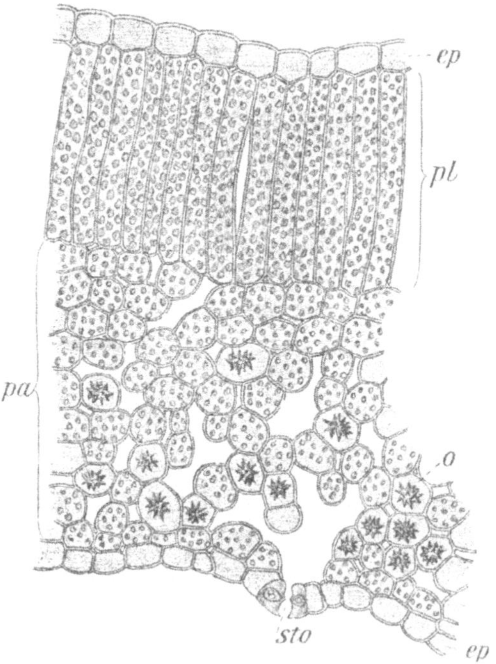

Fig. 44. **Folia Stramonii.** Blattquerschnitt. Vergr. $^{256}/_1$. — ep Epidermis; pl Palissadenparenchym; pa Schwammparenchym; o Kalkoxalatdrusen; sto Spaltöffnung.

besonders den Nerven aufsitzenden, meist dreizelligen, stark gekörnten
Haare und kann beobachten, daß die Spaltöffnungen sich auf beiden
Seiten des Blattes vorfinden.

Untersuchung der Pulver. — Chloralhydrat-Präparate beider
Pulversorten lassen die massenhaft vorhandenen Kalkoxalat-Drusen
sofort erkennen.   Im pulvis grossus findet man sehr viele Gewebe-
schollen, welche bei schwacher Vergrößerung infolge ihres Drusenreich-
tums dicht schwarz punktiert erscheinen.   Im pulvis subtilis liegen
die Drusen allermeist frei.

Folia Uvae Ursi.   Bärentraubenblätter.

Die Epidermis der Oberseite und Unterseite besteht aus Zellen, welche, von oben gesehen, vieleckig und geradwandig erscheinen. Die

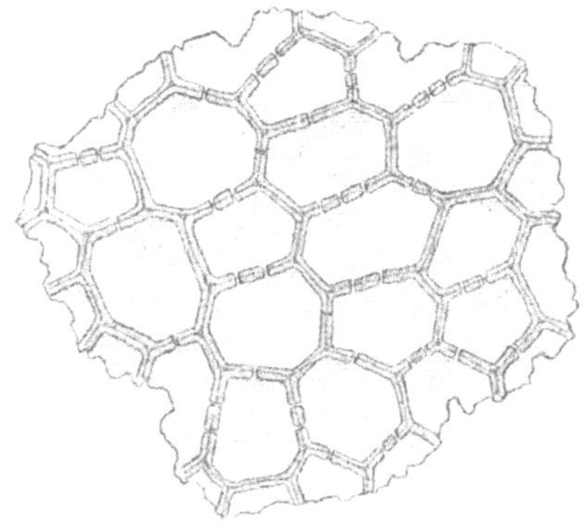

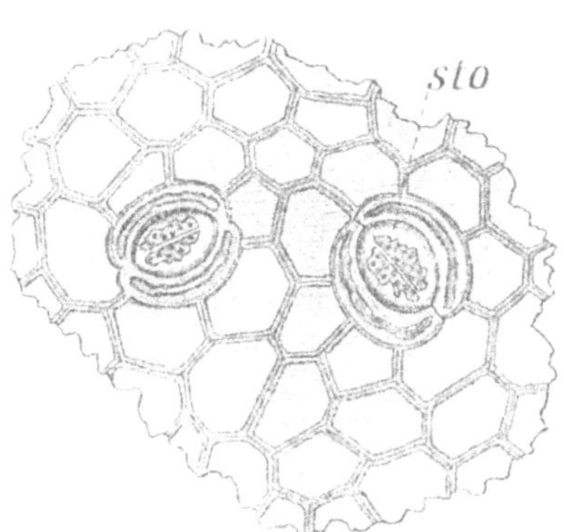

Fig. 45. **Folia Uvae Ursi.** Oberflächenschnitte, obere Figur von der Oberseite, untere von der Unterseite. Vergr. $^{385}/_1$. — sto Spaltöffnung.

Spaltöffnungsapparate sind breit oval. Der Mittelnerv enthält in den das Leitbündel oben und unten begleitenden Zellen Einzelkristalle von Calciumoxalat; im Mesophyll kommen Oxalatkristalle nicht vor.

Bärentraubenblätter werden in folgenden Formen gehandelt:
a) unzerkleinert; **b)** geschnitten (Sieb 1); **c)** als grobes Pulver
(Sieb 4—5); **d)** als feines Pulver (Sieb 6).

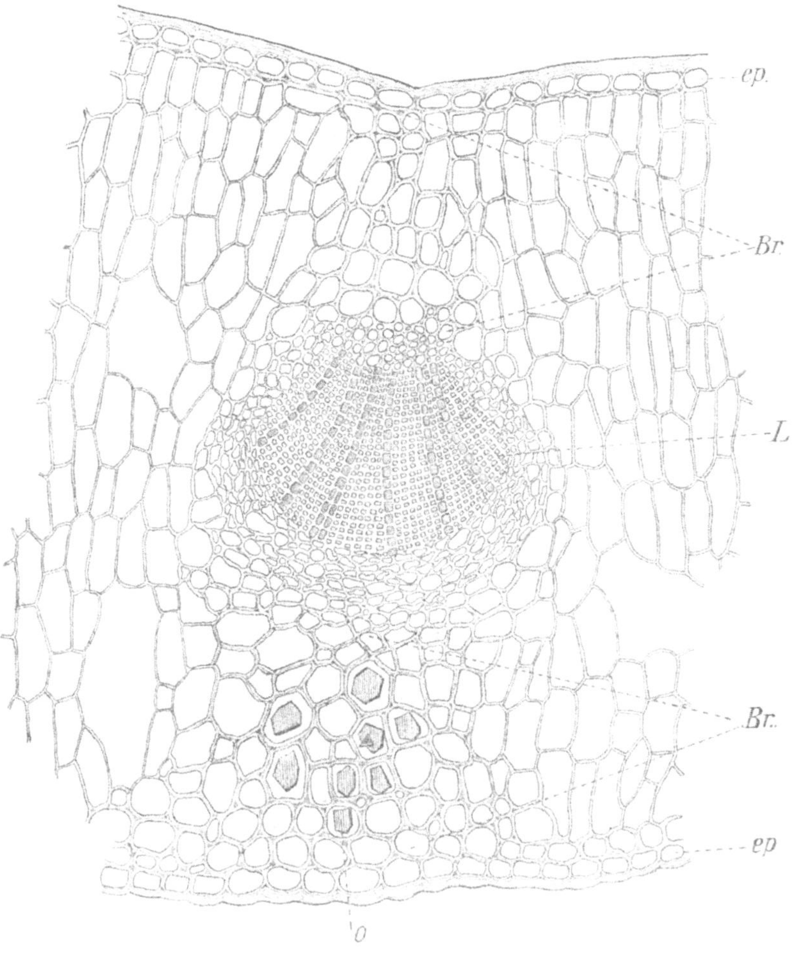

Fig. 46. **Folia Uvae Ursi.** Blattquerschnitt Vergr. $^{165}/_1$. — ep Epidermis; **Br** Parenchym-
brücken auf beiden Seiten des Gefäßbündels; L Mittelrippe des Blattes; O Einzelkristalle
von Kalkoxalat.

***Untersuchung der unzerkleinerten und geschnittenen
Droge.*** — Um die vom Arzneibuch angegebenen Merkmale zu beobachten, müssen sowohl Flächen- wie Querschnitte angefertigt werden.
Die geschnittene Droge besteht aus 3—4 mm breiten Blattfragmenten;
bei der großen Dicke der Blätter sind die Stückchen groß genug, um

sie wie die ganzen Blätter zu untersuchen; wer im Schneiden noch nicht geübt ist, fertige die Flächenschnitte von mittels Wachs auf eine Handhabe aufgekitteten Fragmenten an. — Die ganzen Blätter werden für die Schnitte durch kurzes Kochen in Wasser erweicht.

Zunächst mache man Oberflächenschnitte (Fig. 45) von beiden Blattseiten, indem man die unzerkleinerten, erweichten Blätter über den Zeigefinger der linken Hand spannt. Da das Blatt stark chagriniert ist, bekommt man nur kleine Schnitte, die aber genügen; dieselben können in Wasser bei schwacher oder mittelstarker Vergrößerung betrachtet werden. Nur die Blattunterseite führt die Spaltöffnungen, welche (ein bei den *Ericaceen* seltenes Verhalten) sehr stark vertieft liegen. Die beiden auf der Flächenansicht sichtbaren schließzellenartigen, halbmondförmigen Zellen sind Nebenzellen des Spaltöffnungsapparats; unter ihnen bedeckt eine vorragende, am Rand unregelmäßig ausgekerbte Membran die eigentlichen Schließzellen zum größten Teil.

Querschnitte (Fig. 46) können gleich gut von aufgeweichtem und trockenem Material gemacht werden: der weniger Geübte schneide mit Hilfe von Hollundermark. Die sehr leicht schön werdenden Schnitte werden in Chloralhydrat betrachtet; man achte darauf, wirklich den mit bloßem Auge sichtbaren, auf der Blattoberseite rinnenförmig eingesenkten Mittelnerv zu treffen. Während sonst der Raum zwischen den beiderseitigen Epidermen von gleichartigen, mäßig gestreckten und dünnwandigen Zellen eingenommen wird, schließen sich beiderseits an den Mittelnerven dickerwandige, kleinzellige Elemente an. In diesen sind die Einzelkristalle zu suchen; sie finden sich am häufigsten in den nach der Blattunterseite zu gelegenen Partien, sind aber keineswegs auf allen Schnitten zu sehen. Die Kristalle sind brockenförmig, meist einfach, seltener Zwillingsbildungen darstellend, noch seltener nur wenigzackige Drusen bildend.

Untersuchung der Pulver. — Dieselben werden in Chloralhydrat betrachtet. In beiden Pulvern bleiben die charakteristischen Merkmale, welche vom Arzneibuch hervorgehoben sind, sichtbar. Insbesondere sind Epidermisfetzen meist gut erhalten; ihr Spaltöffnungsapparat ist das sicherste Erkennungsmittel der Droge. Aber auch die Einzelkristalle sind unschwer aufzufinden; im pulvis grossus suche man sie in der Nähe der durch feine Spiralgefäße gekennzeichneten Leitbündel, im pulvis subtilis liegen sie meist frei vor. — Bemerkenswert sind die im Pulver nicht seltenen, kurzen, einzelligen Haare der Droge.

Fructus Anisi. — Anis.

Die bis gegen 5 mm lange, breit eiförmige, bräunliche Frucht ist mit kurzen, **einzelligen Haaren** besetzt. **Auf dem Querschnitte der Teilfrucht findet man zwischen je 2 Rippen 4 bis 6 kleine Sekretgänge der Fruchtwand.**

Fructus Anisi vulgaris wird gehandelt: a) unzerkleinert; b) geschnitten; c) als grobes Pulver (Sieb 4—5); d) als feines Pulver (Sieb 5—6).

Untersuchung der unzerkleinerten Frucht. — Sowohl Behaarung wie Ölstriemen werden am besten auf dem Querschnitt (Fig. 47) der Frucht studiert. Um Querschnitte herzustellen, verwendet man zweckmäßigerweise die oben (p. 23) beschriebene Methode des Einschließens der trockenen Früchte in Paraffin. Nur achte man hier darauf, daß die Früchte aufrecht in das erwärmte Paraffin eingedrückt werden. — Die anzufertigenden feinen Schnitte können in Wasser, verd. Glycerin oder Chloralhydrat eingelegt werden. Bei schwacher (50facher) Vergrößerung treten die Rippen der Frucht, die zwischen und öfters auch unter den Rippen in der Fruchtwand liegenden gelben Ölstriemen sowie die gekörnten, einzelligen, meist etwas gebogenen Haare unverkennbar hervor. Sollte über die Lage einer Rippe jemals ein Zweifel sein, so halte man sich an die in jeder Rippe verlaufenden, rundlichen, stets deutlich sichtbaren Sklerenchymstränge.

Untersuchung der geschnittenen Droge. — Auch fruct. anisi concisus wird vorteilhaft in Paraffin eingebettet und so zu mikroskopischen Schnitten verarbeitet. Eine Orientierung der Stückchen ist hier nicht so gut möglich, deshalb drücke man viel Material in das erweichte Paraffin und gewinne gleichzeitig eine größere Zahl von Schnitten. Einzelne derselben bieten stets genügende Bilder.

Untersuchung der Pulver. — Einlegen in Chloralhydrat ist empfehlenswert. Außer den Elementen der Fruchtschale erscheinen in den Pulvern in großen Mengen die aus kleinen, regelmäßigen, dünnwandigen Zellen gebildeten Fragmente von Endosperm und Embryo sowie langgestreckte, teilweise sklerenchymatische Gewebefetzen von Carpophor und Fruchtstiel. Nur in seltenen Ausnahmefällen ist im pulvis grossus die Mehrzahl der zwischen den Rippen liegenden Ölstriemen erkennbar; dagegen bilden in beiden Pulvern die unverkennbaren, massenhaft vorhandenen Haare das sicherste Charakteristikum.

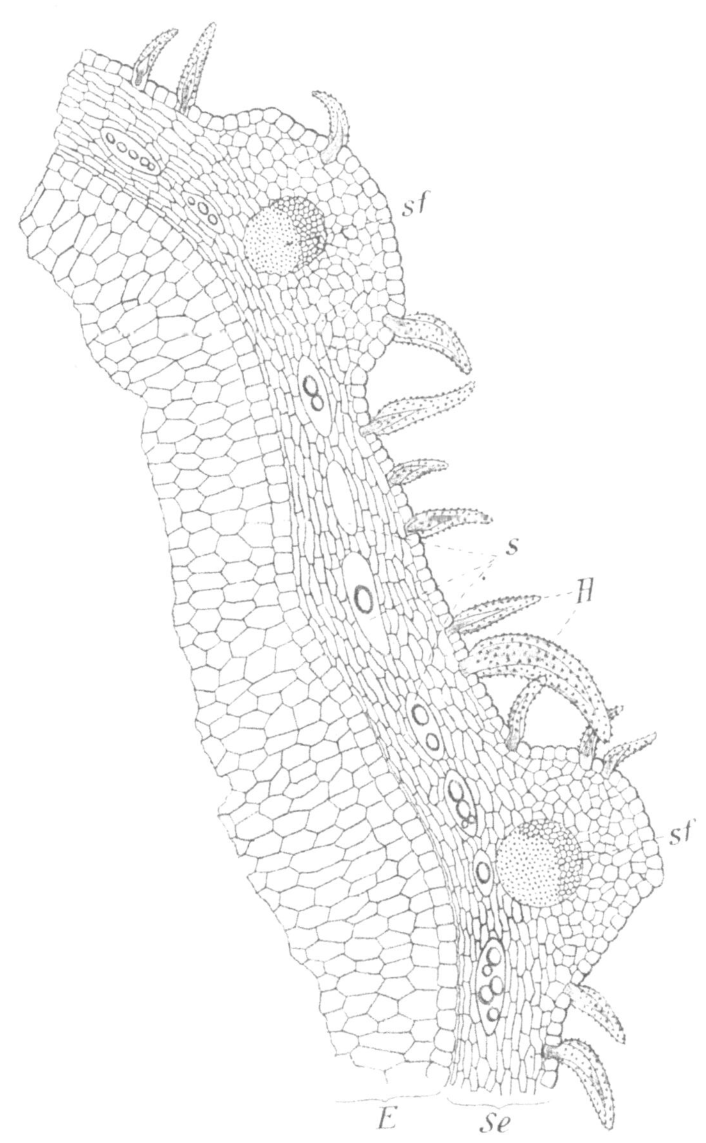

Fig. 47. **Fructus Anisi.** Querschnitt durch den äußersten Teil der Frucht. Vergr. $^{165}/_{1}$. — Sf Sklerenchymbündel; S Sekretgänge; H Haare; Se Fruchtschale; E Endosperm.

Fructus Cardamomi. — Malabar=Kardamomen.

Die Samen sind unregelmäßig kantig, auf der Oberfläche runzelig, braun, von einem zarten, farblosen Samenmantel bedeckt und enthalten **nur in einer einzigen Zellschicht** das stark aromatisch riechende und schmeckende Sekret.

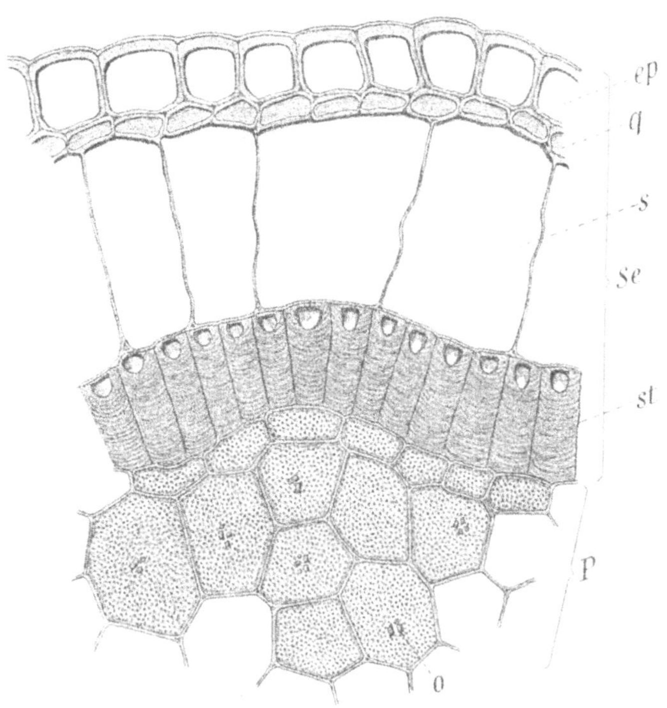

Fig. 48. **Fructus Cardamomi.** Querschnitt durch den äußersten Teil des Samens. Vergr. $^{165}/_{1}$. — ep Epidermis; q Querzellenschicht; s Sekretzellen; st Steinzellen; P Perisperm; o Kalkoxalatkristalle; se Samenschale.

Von Malabar-Kardamomen sind folgende Formen im Handel: a) ganze Früchte; b) von der Fruchtwand befreite, nur vom Arillus (Samenmantel) bedeckte reine Samen (semina excorticata); c) grobes Pulver (Sieb 4—5); d) feines Pulver (Sieb 6). — Die Pulver des Handels sind, da das Arzneibuch die Verwerfung der Fruchtschale nicht vorschreibt, aus ganzen Früchten hergestellt.

Untersuchung der unzerkleinerten Samen. — Man nimmt die Samen eines Fruchtfaches heraus, löst von der zusammengeballten Masse einen ab und klemmt ihn zwischen Kork. Zum Schneiden desselben ist es empfehlenswert, ein starkes, beiderseits keilförmig geschliffenes Messer zu nehmen, weil die Sklerenchymschicht der Samenschale in ihren Zellhöhlungen Körner von Kieselsäure enthält und diese hohlgeschliffene Messer stark ruinieren. Man fertige feine Querschnitte (Fig. 48) der tiefbraunen Samenschale und lege dieselben in Chloralhydrat ein.

Die Samenschale hebt sich im Präparat schon bei schwacher Vergrößerung stark vom weißen Perisperm ab; in ihr ist die sofort auffällige, aus sehr großen, dünnwandigen Zellen gebildete Schicht die ölführende.

Untersuchung der Pulver. — Die Pulver werden in Chloralhydrat eingelegt und untersucht. Von der Ölzellschicht der Samenschale ist nur im pulvis grossus manchmal noch ein Fragment vorhanden, welches leichter kenntlich ist, für gewöhnlich ist diese Zellschicht derart zerrieben, daß sie nicht mehr zur sicheren Charakteristik der Droge herangezogen werden kann. Dagegen fallen sofort, schon bei schwächerer Vergrößerung, weiße Klumpen auf, welche im Innern ihres sehr feinkörnigen Gefüges einen schwarzen Punkt aufweisen. Dies sind die Stärkezellen des Perisperms mit je einer Gruppe kleiner Oxalatkristalle. Ferner sind die tiefbraunen Schollen der Sklerenchymschicht unverkennbar; wo sich kleinere Fragmente dieser Schicht finden, wird man bei stärkerer Vergrößerung (350fach) bemerken, daß das Lumen der Sklerenchymzellen ganz klein ist und der Mitte der oberen Zellwand anliegt. — Von den pulverisierten Bestandteilen der Fruchtschale sind besonders hellgelbliche Schollen der Epidermis reichlich vorhanden und kenntlich.

Fructus Colocynthidis. — Koloquinthen.

Die Droge besteht nur aus einem großzelligen, **grob getüpfelten,** von Luft erfüllten, weißen Gewebe, welches von Leitbündeln durchzogen ist.

Geschälte Koloquinthen sind im Handel: a) unzerkleinert; b) geschnitten cum seminibus (Sieb 1); c) geschnitten sine seminibus (Sieb 1); d) als grobes Pulver cum seminibus (Sieb 4—5); e) als pulvis grossus sine seminibus (Sieb 4—5); f) als pulvis

subtilis cum seminibus (Sieb 6); g) als pulvis subtilis sine
seminibus (Sieb 6). — Apothekerware sind, abgesehen von den
ganzen Koloquinthen, nur die samenlosen verkleinerten Drogenformen.
Mit Hilfe einer guten Lupe werden die gelbbraunen Fragmente der
Samen selbst im feinen Pulver noch leicht erkannt.

Untersuchung der unzerkleinerten und geschnittenen Droge.
— Schon die Lupe läßt in dem weißen Fruchtfleisch der Koloquinthen
das großzellige Parenchym und die dunkleren, fadenförmigen Gefäßbündel erkennen; nur die Tüpfelung der Parenchymzellen muß mit
dem Mikroskop untersucht werden; hierfür genügt mittelstarke (150 bis
200) Vergrößerung. Man fertige feine Schnitte an und lege sie in
Wasser oder verd. Glycerin ein.

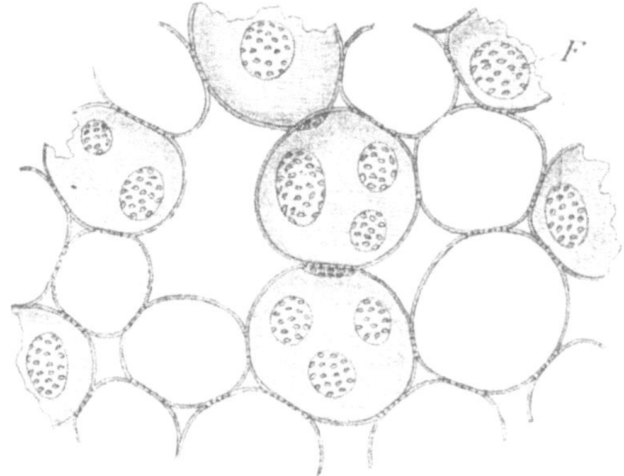

Fig. 49. **Fructus Colocynthidis.** Querschnitt durch die äußeren Partien des Fruchtfleischs.
Vergr. $^{80}/_1$. — F Tüpfelfelder.

Sind die Schnitte vom äußeren Teil der geschälten Frucht gewonnen (Fig. 49), so trifft man dort große Intercellularräume an. Da
natürlich nur diejenigen Teile der Zellwände getüpfelt sind, wo zwei
Zellen aneinander grenzen, nicht aber diejenigen, wo nebenan Lufträume sind, beschränken sich hier die Tüpfel, in der Fläche der Membranen gesehen, auf runde oder ovale Figuren, welche wie Tüpfelfelder aussehen. Weiter im Innern der Frucht dagegen sind die Intercellularräume kleiner resp. sehr klein; daher sind hier die Zellwände
in viel weiterer Ausdehnung getüpfelt und umschriebene Felder nicht
mehr deutlich erkennbar.

Untersuchung der Pulver. — Das einfachste Mittel, die samen-
freien von den samenhaltigen Koloquinthenpulvern zu unterscheiden,
beruht darauf, daß die Partikel des Embryos Alkannin speichern,
während dies die Zellwände der Fruchtwand nicht tun. Übergießt man

zwei verschiedene Pulver in Uhrschälchen mit weinrot gefärbter Alkannatinktur, läßt $\frac{1}{2}$ Stunde lang stehen und macht dann aus dem Bodensatz ein Präparat, so findet man die Teile des Embryo tief rot gefärbt. Dies kommt von Öltropfen, welche den Farbstoff speichern. Das Pulver ohne Samenbestandteile dagegen ist nur ganz schwach rötlich gefärbt, weil die Zellwände sich mit Alkanna nicht tingieren. — Im Pulver sine semine sind die Zellwände zwar vielfach in kleine Teile zerrissen, lassen aber doch die Tüpfelung sehr gut erkennen.

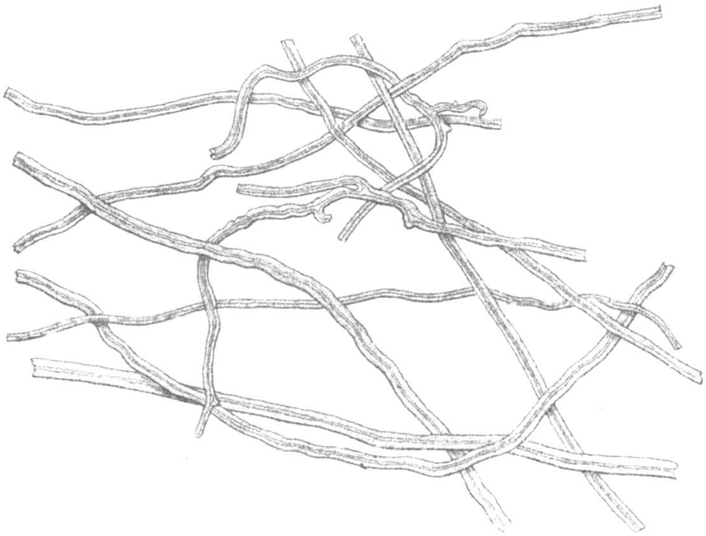

Fig. 50. **Fungus chirurgorum.** Zellfäden des Fomes fomentarius. Vergr. $^{385}/_1$.

Fungus Chirurgorum. — Wundschwamm.

Die mittlere, lockere Schicht des Fruchtkörpers von *Fomes fomentarius*, welche nur aus braunen Zellfäden besteht.

Wundschwamm wird nur in großen Lappen gehandelt. Er wird in der Weise mikroskopisch untersucht, daß man mit der Pinzette eine Flocke der filzigen Substanz abreißt, dieselbe in Wasser mit zwei Nadeln zerteilt und dann betrachtet. Die braunen, dickwandigen Hyphenfäden (Fig. 50) sind schon bei schwacher Vergrößerung gut sichtbar.

Herba Hyoscyami. — Bilsenkrautblätter.

Die Epidermis ist mit zwei= bis vierzelligen, höchstens zehn=
zelligen, kegelförmigen Haaren und mehrzelligen, drüsigen Köpfchen=

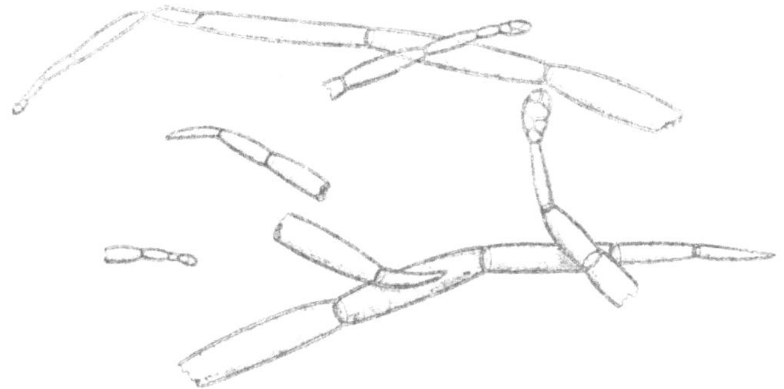

Fig. 51. **Herba Hyoscyami.** Haarformen. Vergr. $^{80}/_1$.

haaren besetzt. Das Oxalat ist in den Chlorophyllzellen meist als
Einzelkristall oder Zwillingskristall, seltener in Form verhältnismäßig
einfacher Drusen vorhanden.

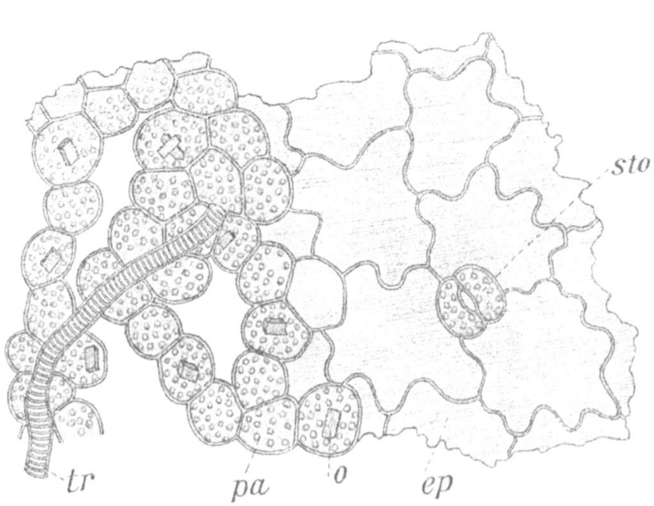

Fig. 52. **Herba Hyoscyami.** Zerquetschte Blattgewebe. Vergr. $^{385}/_1$. — ep Epidermis; sto
Spaltöffnung; pa Parenchymzellen; o Kalkoxalat-Einzelkristall; tr Tracheide.

Bilsenkrautblätter sind im Handel: a) unzerkleinert; b) geschnitten (Sieb 2); c) als grobes Pulver (Sieb 4—5); d) als feines Pulver (Sieb 6).

Untersuchung der ganzen und geschnittenen Droge. — Die Blätter sind so wenig konsistent, daß die gewöhnlichen Methoden des Schneidens für die Praxis nicht empfehlenswert sind. Dagegen ist folgende Präparation leicht auszuführen und gibt völlig genügende Resultate:

Man kocht ein Blatt oder eine Anzahl Blattstücke der geschnittenen Droge in Wasser etwa 5 Minuten lang. Dadurch wird das Gewebe völlig erweicht und läßt sich leicht in eine breiige Masse zerdrücken. Diese breitet man auf dem Objektträger unter Beifügung eines Tropfens Chloralhydrat aus. Im Präparat fallen sofort auf die massenhaft vorhandenen Haargebilde (Fig. 51), sowie Chlorophyll führendes Gewebe, Epidermis und Bestandteile der Nerven und Nervillen, insbesondere feine Spiraltracheiden.

Um die Kristalle (Fig. 52) im Chlorophyllgewebe (besonders Schwammparenchym), welche sehr klein sind und leicht übersehen werden, zu finden, suche man zunächst eine recht helle Stelle des Präparats und betrachte diese mit stärkerer (ca. 300 facher) Vergrößerung. Hat man dort die kurz-säulenförmigen Kristalle einmal gefunden und sich mit ihrer Größe und Gestalt vertraut gemacht, so findet man sie leicht auch in den dicker liegenden Massen des Präparats.

Untersuchung der Pulver. — In den Chloralhydrat-Präparaten der Pulver sind die Einzelkristalle der Droge mit Leichtigkeit zu finden. Von den Drüsenhaaren bleiben nur die Köpfe dann und wann intakt; sie sind auch im pulvis subtilis noch vorhanden. — Wurden nicht nur Blätter, sondern das ganze Kraut mit Blüten pulverisiert, so sind in den Pulvern massenhaft Pollenkörner, stuhlförmige Verdickungsleisten der Antherenzellen sowie vereinzelte Zellfetzen vorhanden, deren Farbstoff sich in frischen Chloralhydrat-Präparaten mit violetter Farbe löst.

Kamala. — Kamala.

Drüsen und Büschelhaare der Epidermis der Frucht von *Mallotus philippinensis*. Die Drüsen sind unregelmäßig kugelig, enthalten zwischen den Wänden ihrer ungefähr 60, strahlig angeordneten, keulenförmigen Zellen und zwischen diesen und der alle Zellen umhüllenden Cutikula

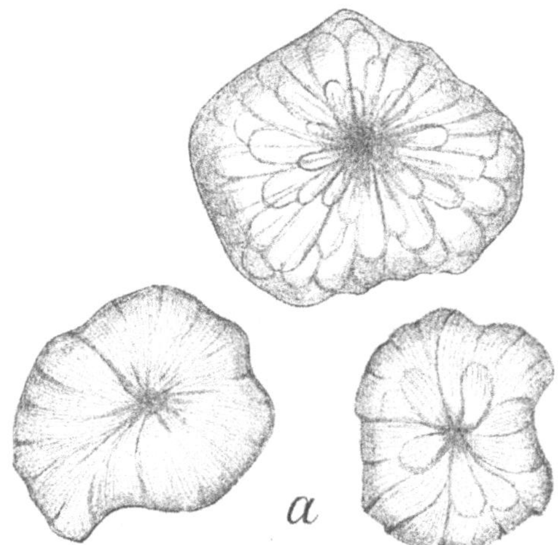

Fig. 53a. **Kamala**. Drüsenhaare in Wasser. Vergr. $^{566}/_1$.

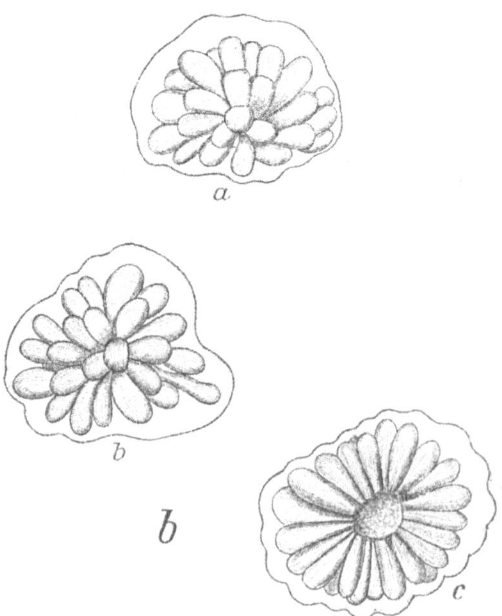

Fig. 53b. **Kamala**. Drüsenhaare in Kalilauge. Vergr. $^{566}/_1$. — a Schräg von der Seite, b von oben, c von unten gesehen.

ein rotes Sekret. Bei mikroskopischer Betrachtung dürfen in der Kamala außer den angegebenen Elementen nur noch mineralische Bestandteile in geringer Menge und Spuren von Gewebeelementen der Frucht der Kamalapflanze sichtbar sein.

Kamala wird durch Absieben und Abschlämmen von ihren ursprünglich massenhaften Verunreinigungen befreit. Da diese meist in

Fig. 54. **Kamala**. Büschelhaare. Vergr. $^{566}/_1$.

Mineralsubstanzen bestehen, werden die Sorten des Handels nach dem Aschengehalt bewertet.

Die Untersuchung der Kamala in Wasser (Fig. 53a) ist deswegen nicht praktisch, weil in diesem Medium die Drüsen nur als wenig differenzierte, stark lichtbrechende, orangerote Körner erscheinen, welche einen sphärokristallartigen Bau aufweisen. Viel zweckmäßiger ist es, das Pulver gleich in Kalilauge einzulegen und zu untersuchen; mittelstarke Vergrößerung (150—200fach) ist zu empfehlen. Beim Betrachten des Präparats sei das Licht so weit abgeblendet, daß deutliche Schatten im Innern der orangeroten Drüsen entstehen.

Am Kali-Präparat (Fig. 53 b) ist die maulbeerartige Struktur der Drüsen stets klar; bei sorgfältiger Bewegung der Mikrometerschraube kann man sehen, daß diese Struktur in der vom Arzneibuch beschriebenen Weise zustande kommt. Die Cuticula, welche die Außenwand der orangeroten Blase darstellt, ist nicht immer deutlich sichtbar.

Die Büschelhaare (Fig. 54) bestehen aus 5 bis 20 kurzen, dicken Einzelhaaren; die innern jedes Büschels pflegen die äußern an Länge weit zu übertreffen. Im Lumen führen sie körnigen Inhalt.

Fig. 55. **Kamala.** Fragmente der Fruchtschale. Vergr. 566/1.

Unorganische Verunreinigungen sind als Splitter ohne weiteres kenntlich; die Trümmer der Kamala-Frucht (Fig. 55) stellen hellgelbe Schollen dar.

Lichen islandicus. — Isländisches Moos.

Wässerige Jodlösung färbt, einem Querschnitt des Thallus zugesetzt, dessen Hyphen blau.

Isländisches Moos ist in folgenden Formen im Handel: a) unzerkleinert; b) grob geschnitten (Sieb 1); c) fein geschnitten (Sieb 3); d) grob gepulvert (Sieb 4—5); e) fein gepulvert (Sieb 6).

Untersuchung der ganzen und geschnittenen Droge. — Man schneide eines der blattartigen Stücke der Droge zwischen Hollundermark trocken von der Kante her mit sehr scharfem Messer, lege die Schnitte in einen Tropfen Jod-Jodkaliumlösung ein und betrachte das Präparat in diesem Medium.

Man unterscheidet leicht (Fig. 56) beiderseits eine feste, paraplektenchymatische (pseudo-parenchymatische), aus kleinen Zellen gebildete Rindenschicht und eine zentrale, lockere Schicht. Diese besteht aus lose verflochtenen, fadenförmigen Pilzhyphen, sieht im Präparat

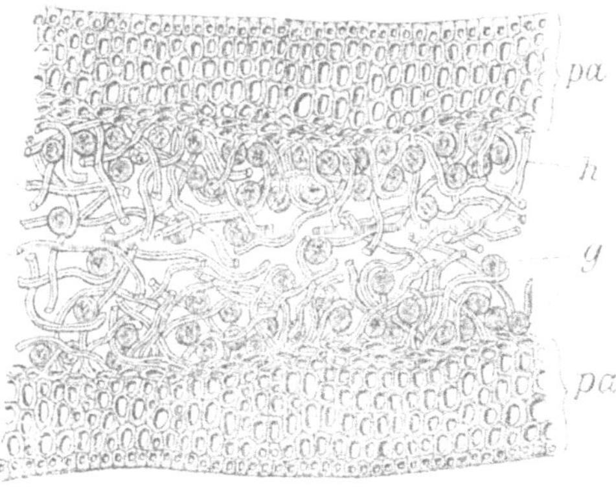

Fig. 56. **Lichen islandicus.** Querschnitt durch einen blattartigen Teil des Thallus. Vergr. $^{385}/_1$. — pa Para-Plektenchym (Rindenschicht); h Hyphen (Pilzfäden); g Algenzellen (Gonidien).

wegen ihres Luftgehaltes schwarz aus und läßt besonders direkt unter den Rindenschichten die runden Algenzellen (Gonidien) der Flechte erkennen. Wenn man recht dünne Stellen des Schnittes betrachtet, sieht man, daß die Hyphen der Zentralschicht sich mit Jod braun gefärbt haben. Dagegen zeigen die festen Rindenschichten mehr oder weniger vollkommen die (indigo-)blaue Färbung.

Es sind also nicht die als Hyphen deutlich erkennbaren, gestreckten Elemente der Droge, welche die Blaufärbung annehmen, sondern die aus dicht verflochtenen und deshalb als solche nicht deutlich kenntlichen Hyphen gebildeten pseudo-parenchymatischen Rindenpartien.

Untersuchung der Pulver. — Im pulvis grossus liegen ziemlich große, allermeist in der Markschicht durchgebrochene und deshalb halbierte Teile der Flechte, im pulvis subtilis meist sehr fein zerriebene Partikel vor. Beide Pulver zeigen die Blaufärbung ihrer paraplektenchymatischen Teile sehr gut, wenn man sie in Jodlösung legt und dieselbe 10—15 Minuten lang einwirken läßt.

Lignum Guajaci. — Guajakholz.

Bei mikroskopischer Betrachtung läßt der Querschnitt des Holzes Markstrahlen erkennen, welche 1 Zelle breit und 3 bis 6, meist 4 Zellen hoch sind. Die zwischen den Markstrahlen liegenden Gewebemassen zeigen teilweise mit braunem Harz gefüllte, fast immer einzeln stehende Tracheen, welche meist so breit sind wie der Raum zwischen den Markstrahlen. Ferner bestehen diese Gewebemassen aus tangential laufenden, 1 bis 2 Zellen breiten, unregelmäßigen Querbändern von Holzparenchymzellen, in denen teilweise Oxalatkristalle liegen, und aus dickwandigen Sklerenchymfasern von engem Lumen, welche die Hauptmasse des Holzes bilden.

Guajakholz ist im Handel: a) in ganzen Blöcken oder Stücken; b) grob geschnitten (Sieb 1); c) geraspelt (Sieb 2); d) fein geschnitten (Sieb 3); e) als grobes Pulver (Sieb 4—5); f) als feines Pulver (Sieb 6).

Untersuchung der unzerkleinerten und geschnittenen Droge. — Lignum Guajaci ist wegen seiner außerordentlichen Härte eine der am schwierigsten zu präparierenden Drogen. Fertigt man, auch mit dem keilförmig geschliffenen Messer, Schnitte von der nicht speziell vorbereiteten Droge an, so erhält man nur kleine Fragmente, welche die vom Arzneibuch geforderten Merkmale nicht alle zeigen. Insbesondere die Parenchym-Binden sind deshalb schwer zu sehen, weil das Holz beim Schneiden regelmäßig in diesen Binden reißt.

Behufs Erlangung wirklicher Übersicht über die Struktur des Holzes koche man einen dünnen Span desselben 20—30 Minuten lang in Kalilauge. Dadurch wird zwar das Harz herausgelöst, aber die Droge nimmt ungefähr hornartige Konsistenz an und wird schneidbar. — Für die Untersuchung erforderlich sind Querschnitte und tangentiale Längsschnitte; dieselben können in Wasser eingelegt werden.

Der Querschnitt (Fig. 57) zeigt die großen Tracheen (aus denen aber durch die Kalibehandlung das Harz weggenommen ist), die sklerenchymatischen Holzfasern, die Markstrahlen und parenchymatischen

Tangentialbinden. Letztere sind nicht immer sehr deutlich sichtbar, insbesondere die Oxalatkristalle in ihnen werden oft nur sehr schwer gefunden; unter Umständen ist zu ihrer Entdeckung die Anwendung des Polarisationsapparats empfehlenswert.

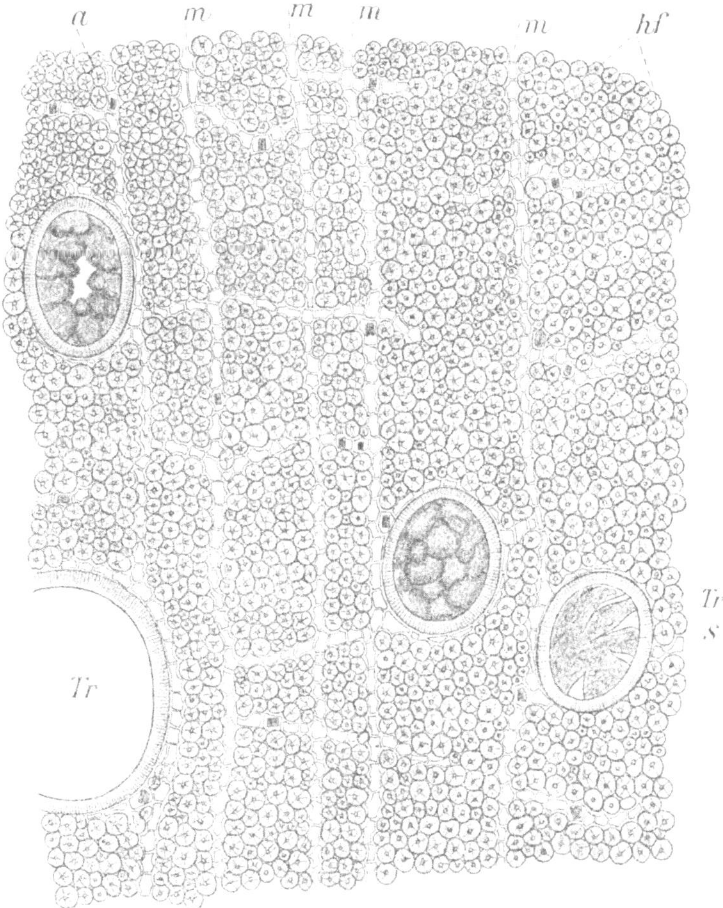

Fig. 57. **Lignum Guajaci.** Querschnitt. Vergr. $^{165}/_1$ — a Oxalat-Einzelkristalle; m Markstrahlen; hf Holzfasern; Tr Tracheen; s Harzausfüllung der Tracheen.

Um die Höhe der Markstrahlen zu untersuchen, ist es nötig, tangentiale Längsschnitte (Fig. 58) anzufertigen. Während bei allen nicht pulverartigen Formen des Guajakholzes die Richtung der anzulegenden Querschnitte niemals zweifelhaft sein kann, ist es nur sehr schwer, oft kaum möglich, die Ebene des tangentialen Längsschnitts sicher anzugeben. Man muß probieren, indem man die zwischen Kork einzuklemmenden Stückchen von verschiedenen Seiten längs schneidet; genau oder doch wenigstens schief tangentiale Schnitte sind dann dabei. — Die Markstrahlen fallen auf solchen schon durch ihre dunklere Färbung auf.

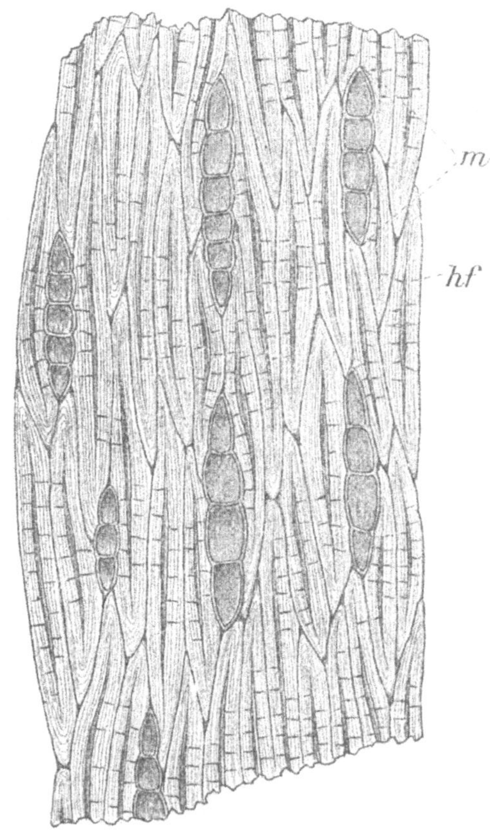

Fig. 58. **Lignum Guajaci.** Tangentialer Längsschnitt. Vergr. $^{385}/_{1}$. — m Markstrahl; hf Holzfaser.

Endlich ist es notwendig, von nicht in Kali gekochtem Holz (wenn auch kleine) Schnitte (am besten Querschnitte) anzufertigen, welche die Ausfüllung der Tracheen mit dem Harz stets unverkennbar zeigen.

Untersuchung der Pulver. — Die Präparate der Pulver werden zweckmäßig in Kalilauge gemacht. Im Gesichtsfeld erscheinen hauptsächlich die kurzen Holzfasern, vielfach isoliert, aber auch in größere oder kleinere Bündel vereinigt. An solchen Bündeln sind die quer laufenden, bei schwacher Vergrößerung breite dunkle Linien darstellenden Markstrahlen gut sichtbar, auch die Anzahl der dieselben konstituierenden Zellen leicht erkennbar. Fragmente der Tracheen fallen durch ihre dunkelbraune Farbe sowie dadurch auf, daß um die ihnen anhaftenden Harzballen hellbraune Höfe des sich in Kali lösenden Harzes sichtbar sind. Isolierte Parenchymzellen der Parenchymbinden oder der Markstrahlen fehlen; sie sind beim Pulvern zerrieben. Kalkoxalatkristalle sind nur sehr schwer und spärlich auffindbar.

Lignum Quassiae. — Quassiaholz.

Der Querschnitt des hellgelblichen Holzes von *Picrasma excelsa* zeigt Markstrahlen, welche 2 bis 5 Zellen breit und meist 10 bis 25 Zellen hoch sind; sie werden durch Brücken von gewöhnlich 2 bis 5 Tangentialreihen von Holzparenchymzellen verbunden, welche bisweilen große Einzelkristalle von Oxalat enthalten. Den Holzparenchymzellen angelagert sieht man einzeln oder in Gruppen von 2 bis 5 liegende Tracheen; der übrige Raum des Querschnittes wird von den quer durchschnittenen, wenig verdickten Sklerenchymfasern eingenommen. Diese sind im größten Teile ihrer Länge gleich weit und endigen beiderseits in eine Spitze.

Die Markstrahlen des dem *Picrasma*-Holze sehr ähnlich gebauten, ebenfalls hellgelblichen Holzes von *Quassia amara* sind nur 1, höchstens 2 Zellen breit und 5 bis 20 Zellen hoch. Oxalatkristalle fehlen diesem Holze.

———

Die beiden offizinellen *Quassia*-Hölzer werden getrennt als lignum Jamaicense (*Picrasma excelsa*) und als lignum Surinamense (*Quassia amara*) gehandelt und zwar beide in den Formen: a) unzerkleinert; b) grob geschnitten (Sieb 1); c) fein geschnitten (Sieb 3); d) als grobes Pulver (Sieb 4—5); e) als feines Pulver (Sieb 6).

Untersuchung der unzerkleinerten und geschnittenen Droge. — Die vom Arzneibuch aufgeführten Merkmale des Jamaika-Holzes erfordern Querschnitte und tangentiale Längsschnitte; für die Untersuchung des Surinam-Holzes sind nur die letztern notwendig.

Über die Orientierung der zu führenden Schnitte kann nur bei der fein geschnittenen Droge, welche Splitter von etwa 3 mm Länge und geringerer Breite darstellt, ein Zweifel herrschen. Die Richtung des Querschnitts ist zwar durch die mit der Lupe erkennbare Faserung des Holzes gegeben, die tangentialen Längsschnitte aber sind etwas

schwerer zu machen. Entweder schneide man von einem Stückchen
allseitig Längsschnitte ab und finde unter diesen dann auch tangential
gelegene oder man suche mit der Lupe sich Fragmente heraus, an
welchen quer zur Faserrichtung Linien verlaufen. Dies sind die Markstrahlen in der Ansicht des radialen Längsschnitts; auf sie schneide
man dann senkrecht längs, indem man das Objekt zwischen Kork
einklemmt.

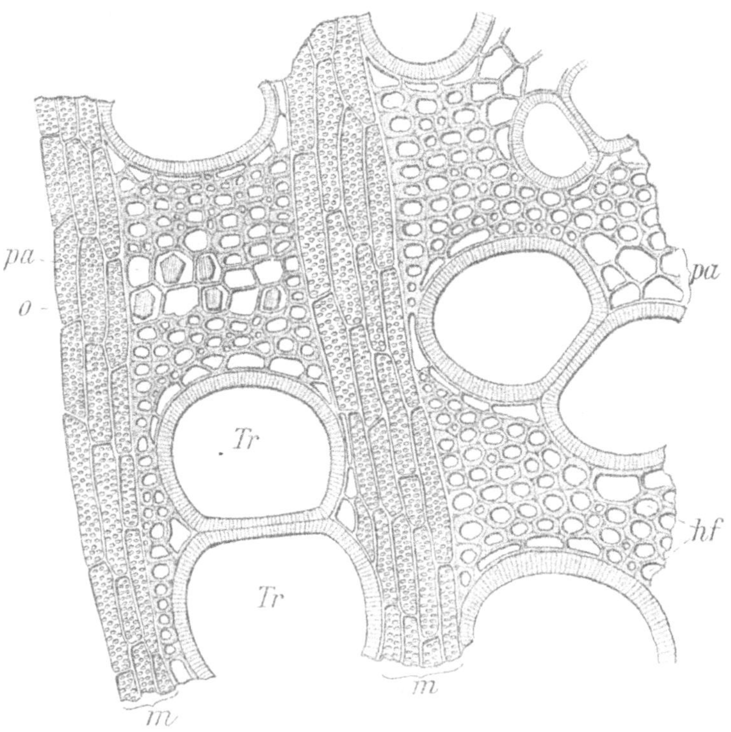

Fig. 59. **Lignum Quassiae Jamaicensis.** Querschnitt. Vergr. $^{165}/_1$. — Tr Tracheen; pa Holz-
parenchym-Binden; hf Holzfasern; m Markstrahlen; o Einzelkristalle von Kalkoxalat.

Auf den Querschnitten (Fig. 59), welche in Wasser untersucht
werden können, fallen als große Löcher sofort die Tracheen sowie als
Hauptbestandteil des Holzes die Sklerenchymfasern auf. Auch die
(stark getüpfelten) Markstrahlen sind sofort, insbesondere beim *Picrasma*-
Holz, sichtbar. Etwas weniger deutlich sind die Parenchymbinden, doch
macht auch ihre Konstatierung wenig Mühe. Man suche nach relativ
großen, ziemlich dünnwandigen Zellen. Nicht in allen Schnitten werden
die Oxalatkristalle in den Holzparenchymzellen sofort gefunden; sie

sind aber überall, wenn auch manchmal in geringer Zahl, vorhanden und verraten sich durch ihr starkes Lichtbrechungsvermögen.

Die tangentialen Längsschnitte bieten die charakteristischen Ansichten für die Unterscheidung beider Hölzer. Während beim Jamaika-Holz (Fig. 60) die als breite linsenförmige Figuren erscheinenden Markstrahlen mehr als 2 Zellen breit und meist 10 bis 25 Zellen hoch

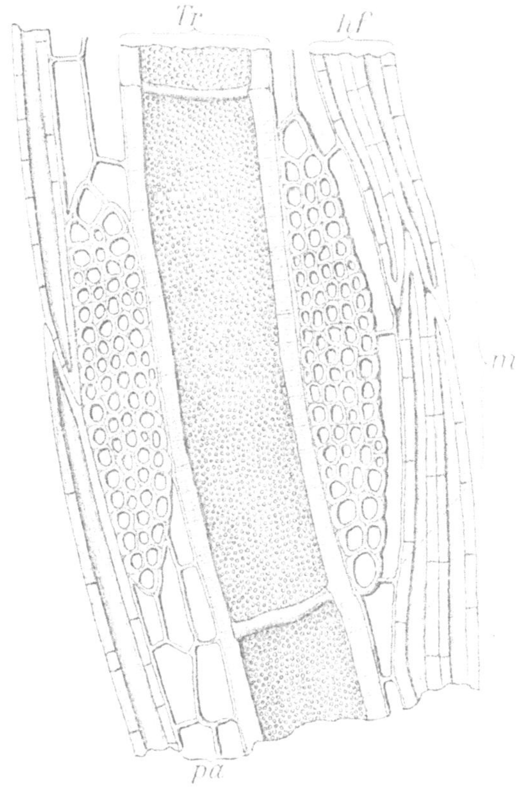

Fig. 60. **Lignum Quassiae jamaicensis.** Tangentialer Längsschnitt. Vergr. $^{165}/_1$. — Tr Trachee; hf Holzfasern; pa Holzparenchym; m Markstrahl.

sind, hat das Surinam-Holz (Fig. 61) allermeist 1, selten 2reihige und weniger hohe Markstrahlen.

Untersuchung der Pulver. — In den Pulvern, welche in Wasser untersucht werden können, sind von den vom Arzneibuch angegebenen Merkmalen die Tangentialreihen der Holzparenchymzellen sowie die Anordnung der Tracheen natürlich zerstört. Dagegen bleiben die Oxalatkristalle besonders hier prachtvoll sichtbar und auch die

Höhe der Markstrahlen kann beim **pulvis grossus** an den meisten
Splittern, beim **pulvis subtilis** wenigstens an einigen größeren Fragmenten aus der Zahl der quer über die Holzfasern laufenden Linien
approximativ erkannt werden. Von großer Wichtigkeit für die Er-

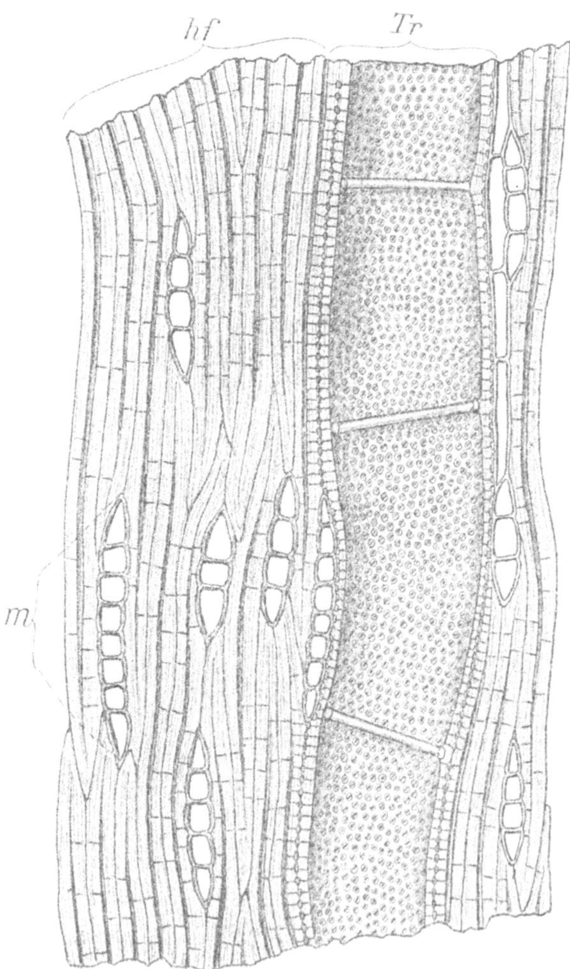

Fig. 61. **Lignum Quassiae surinamensis.** Tangentialer Längsschnitt. Vergr. $^{385}/_1$. —
Tr Trachee; hf Holzfasern; m Markstrahl.

kennung der Pulver sind besonders die dicht getüpfelten Stücke der
Tracheen und nicht zum wenigsten gelbe Harzmassen führende Fragmente, welche zwar nicht in jedem Präparat vorkommen aber bei an-
haltendem Suchen nicht entgehen und den an der Markperipherie vor-

handenen Harzgängen entstammen. Solche Harzgang-Fragmente sind im Pulver des lignum Surinamense reichlicher vorhanden als in dem des lignum Jamaicense.

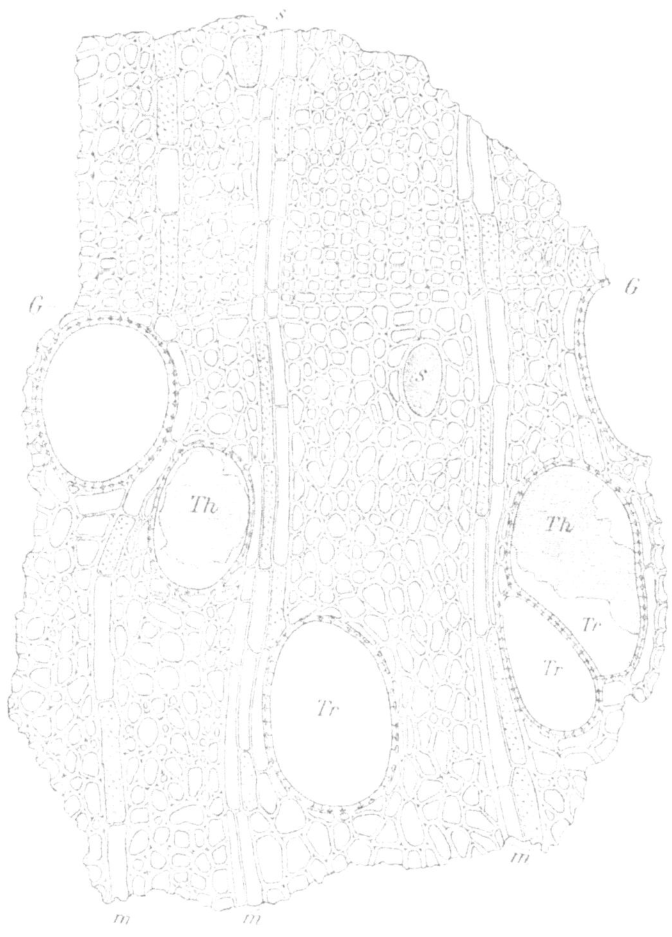

Fig. 62. **Lignum Sassafras.** Querschnitt. Vergr. $^{110}/_1$. — S Sekretzellen; G Jahrrings-Grenze; Tr Tracheen; Th Thyllen in den Tracheen; m Markstrahlen.

Lignum Sassafras. — Saffafrasholz.

Bei mikroskopischer Betrachtung des Querschnittes findet man die Markstrahlen 1 bis 4 Zellen breit. In dem Gewebe zwischen den Mark=

ftrahlen liegen Sefretbehälter von der Breite kleiner Tracheen, mit ver=
korkten Wänden und farblofem Sekret. Die Tracheen find mit rundlich
behöften, fpaltenförmigen Tüpfeln verfehen. Die Sklerenchymfafern des
Holzes befitzen nur mäßig verdickte, fehr wenig und zart getüpfelte Wände.

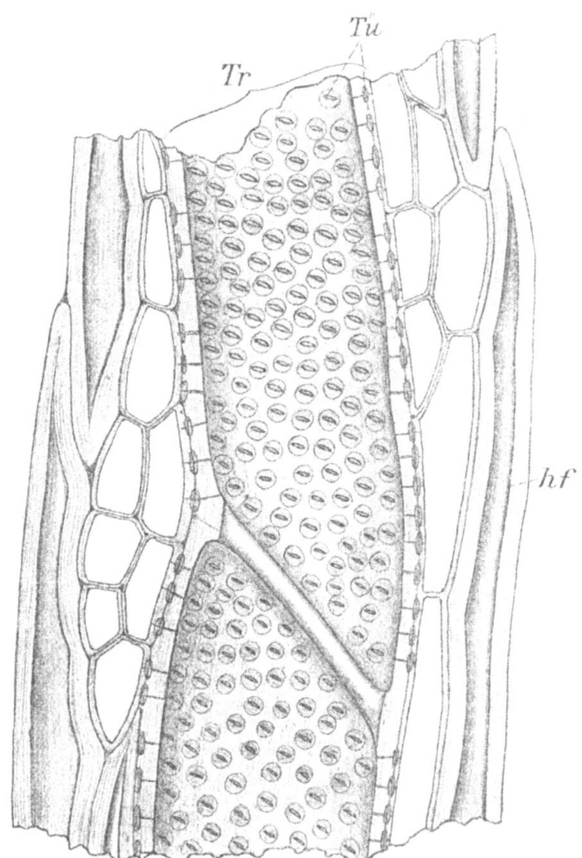

Fig. 63. **Lignum Sassafras.** Längsschnitt. Vergr. $^{385}/_1$. — Tr Trachee; Tü Hoftüpfel;
hf Holzfaser.

Sassafrasholz kommt im Handel vor: a) un zerkleinert; b) grob
geschnitten (Sieb 1); c) fein geschnitten (Sieb 3); d) als grobes
Pulver (Sieb 4—5); e) als feines Pulver (Sieb 6).

*Untersuchung der unzerkleinerten und geschnittenen
Droge.* — Um den Anforderungen des Arzneibuches nachzukommen,
genügen Querschnitte nicht, sondern es sind auch Längsschnitte nötig,
welche die Tüpfelspalten der Tracheen zeigen. — Die Droge schneidet

sich in etwas angefeuchtetem Zustand vorzüglich; sie vor der Präparation zu kochen, ist nicht empfehlenswert, weil dadurch der Inhalt der Sekretzellen weniger deutlich wird.

Auf dem Querschnitt (Fig. 62) sind alle Merkmale schon bei 100facher Vergrößerung deutlich zu sehen. Insbesondere fallen auch die Markstrahlen als lange Linien auf. Nur nach den Sekretzellen muß man manchmal ziemlich lange suchen. Meist sind sie wesentlich kleiner als die kleinsten Tracheen, aber doch immer bedeutend größer als die übrigen Elemente des Holzes. Das Sekret tritt nur wenig hervor; um die Unterscheidung von den kleinen Tracheen zu sichern, wende man stärkere (350fache) Vergrößerung an und beachte, daß die Wände der Sekretzellen nicht, diejenigen der Tracheen dagegen deutlich hofgetüpfelt sind. Es sei hier besonders darauf hingewiesen, daß die Tracheen des Kernholzes meist mit bräunlichen Massen erfüllt sind, welche von dem Unkundigen leicht als Sekret angesprochen werden könnten. Diese Massen sind die Wände von Thyllen, welche zur Verstopfung des Gefäßlumens im Kernholz dienen.

An beliebig geführten Längsschnitten (Fig. 63) wird die Tüpfelung der Tracheen untersucht. Wenn die Tüpfelhöfe auch groß sind, so sind sie doch oft nur recht undeutlich sichtbar, während der Tüpfelspalt stets klar vorliegt. Man betrachte das mikroskopische Bild (Vergr. ca. 350fach) bei wechselnder, schiefer Beleuchtung und verwechsle mit den Tracheen nicht die sehr deutlich, einfach und rundlich getüpfelten Tracheiden, welche kleiner sind als die Tracheen. — Auf Längsschnitten pflegen die Sekretzellen deutlicher sich abzuheben als auf Querschnitten; sie haben hier ovale Form.

Untersuchung der Pulver. — Die Präparate können in Wasser untersucht werden. Von den Merkmalen, welche im Arzneibuche hervorgehoben sind, bleibt im Pulver nur die Tüpfelung der Tracheen (welche in Schollen zerbrechen) sowie diejenige der Sklerenchymfasern übrig. Markstrahlen und Ölzellen werden zerrieben und sind, wenn überhaupt, nur in Ausnahmefällen noch auffindbar. Dagegen ist in den feinen, sehr kleinen Nadeln von Kalkoxalat, welche der Polarisationsapparat im Pulver zeigt, ein wichtiges Moment für die Charakteristik des *Sassafras*-Pulvers vorhanden.

Lycopodium. — Bärlappsamen.

Bei mikroskopischer Betrachtung erkennt man, daß es aus nahezu gleichgroßen Körnern besteht, welche von 3 ziemlich flachen und 1 ge-

wölbten Fläche begrenzt werden. Neben diesen Körnern dürfen sich im Bärlappsamen Bruchstücke von Stengeln und Blättern nur in sehr geringer Menge zeigen.

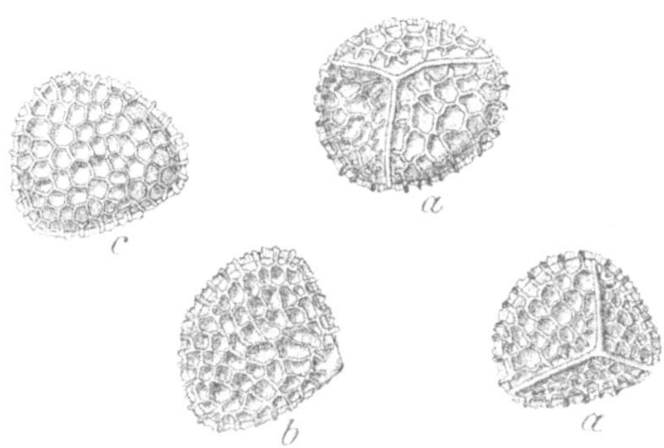

Fig. 64. **Lycopodium.** Verg. $^{566}/_1$. — a Sporen von oben; b von einer flachen Seite; c von der konvexen Basis aus gesehen.

Lycopodium (Fig. 64) ist nur in der vom Arzneibuche beschriebenen Form im Handel. Es kann in Wasser, Glycerin oder

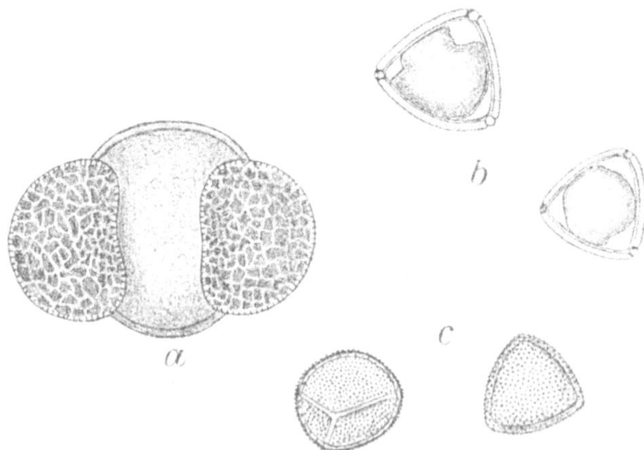

Fig 65. **Verfälschungen des Lycopodium.** Vergr. $^{566}/_1$. — Pollen von a Pinus silvestris; b Corylus avellana; c Typha latifolia.

Chloralhydrat untersucht werden; die Merkmale, welche das Arzneibuch angiebt, werden leicht gesehen. Nur die verschiedene Wölbung der Flächen tritt nicht an allen Körnern gleich hervor; um sie zu beobachten, schiebe man das Deckglas mit einer Nadel ein wenig hin und her, während man in das Instrument sieht.

Die Verfälschungen des Bärlappulvers (Fig. 65) sowie die Fragmente der Bärlappflanze (Fig. 66), welche allermeist Teile der Fruchtschuppen darstellen, werden ohne weiteres erkannt.

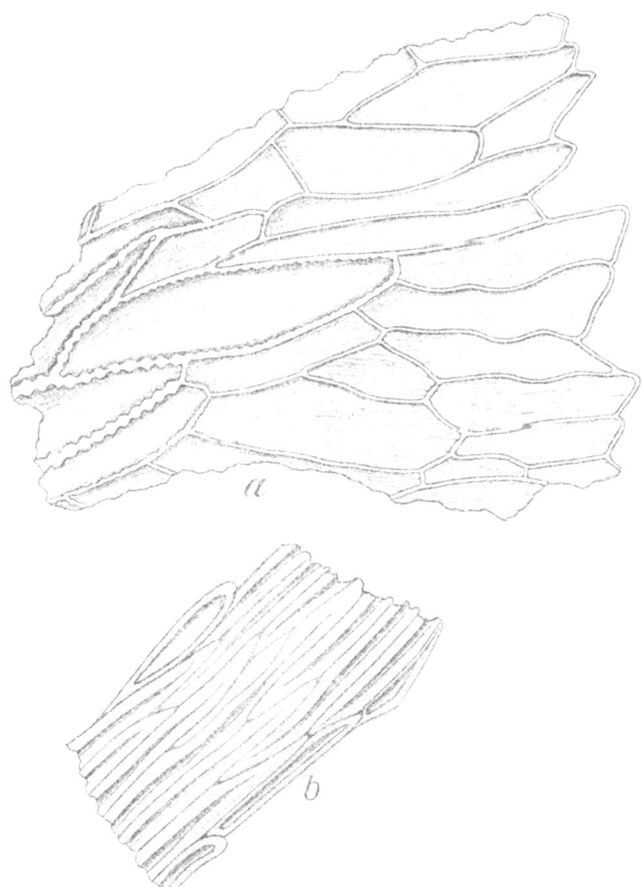

Fig. 66. **Lycopodium**. Vergr. $^{385}/_1$. — a Rand der Fruchtschuppe b Stück der Spitze einer Fruchtschuppe von Lycopodium clavatum.

Mel. — Honig.

Bei mikroskopischer Betrachtung sind im Honig stets Zuckerkristalle und meistens Pollenkörner zu erkennen.

Fig. 67. **Mel.** Zuckerkristalle. Vergr. $^{566}/_1$.

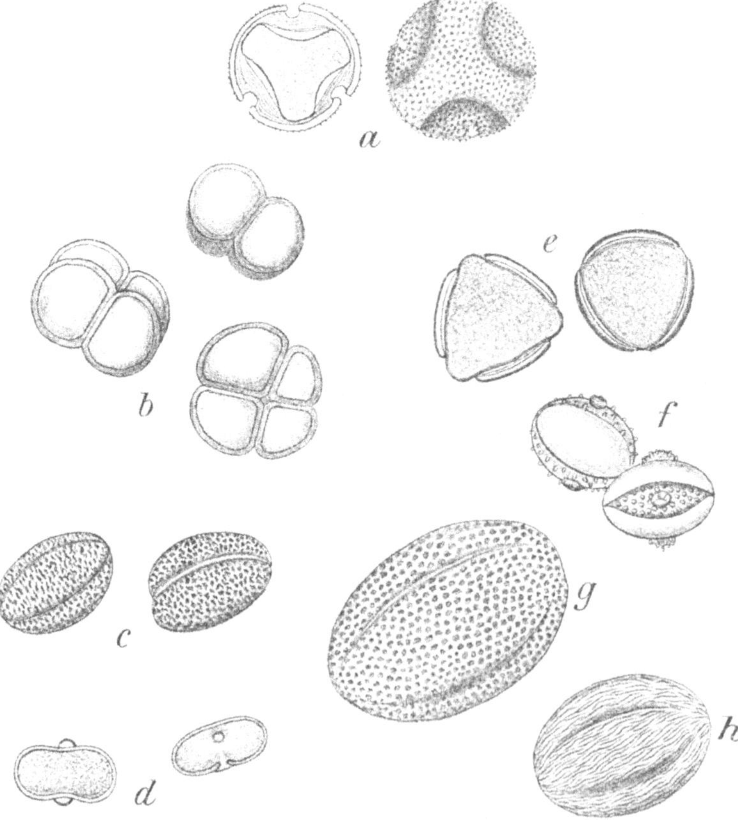

Fig. 68. **Mel.** Pollenkörner aus deutschem Honig. Vergr. $^{566}/_1$. — a Tilia; b Calluna; c Brassica; d Foeniculum; e Robinia; f Aesculus; g Fagopyrum; h Acer.

Honig ist nicht nur in deutscher, sondern massenhafter auch in ausländischer Ware (besonders aus Chile) im Handel. Er wird untersucht, indem man einen sehr kleinen Tropfen der Substanz auf den Objektträger bringt, ein Deckglas auflegt und betrachtet.

Die Zuckerkristalle (Fig. 67) erscheinen bei schwacher Vergrößerung als feine Striche, bei stärkerer als gerade oder gebogene Nadeln. Pollenkörner (Fig. 68) in ihrer charakteristischen Gestalt können nicht verkannt werden.

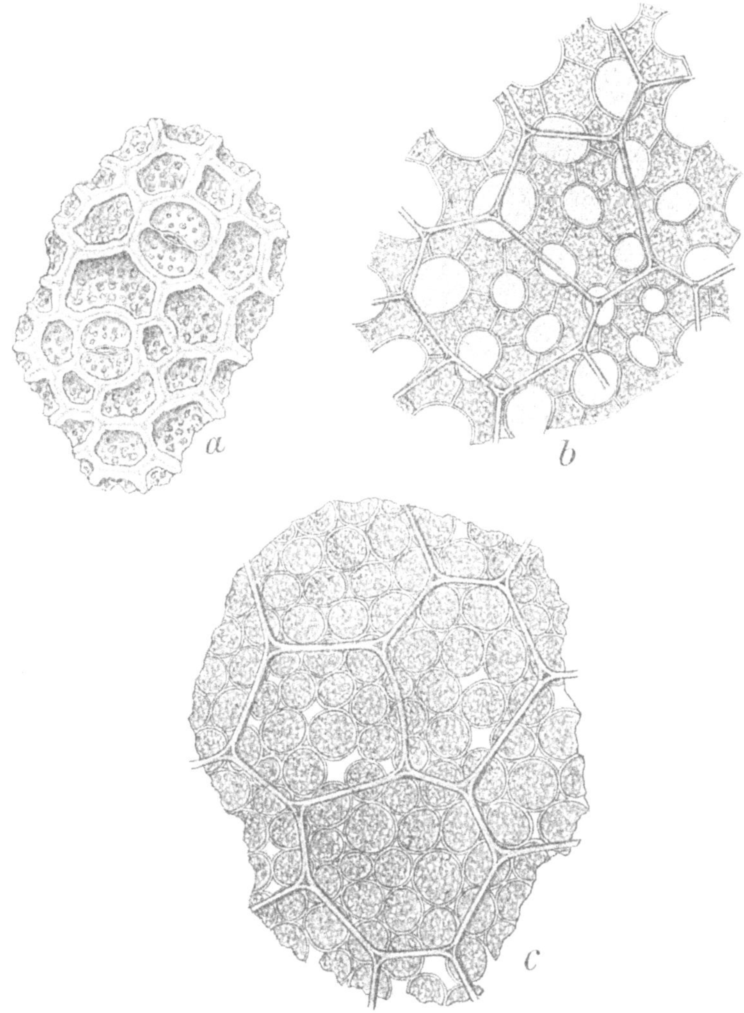

Fig. 69. **Opium.** Zellgewebe der Mohnpflanze. Vergr. $^{385}/_1$. — a Epidermis der Mohnkapsel; b Fragment der Unterseite; c der Oberseite des Mohnblattes.

Opium. — Opium.

Bei mikroſkopiſcher Betrachtung ſoll das Opium weder ganze oder verquollene Stärkekörner, noch Gewebeelemente erkennen laſſen, mit Ausnahme ſehr kleiner Mengen von Epidermiszellen der unreifen Mohnfrucht. Im Pulver dürfen außerdem nur ſo kleine Mengen von Gewebeelementen des Mohnblattes vorhanden ſein, wie ſie durch das Mitpulvern des Mohnblattes, welches den Kuchen umhüllt, bedingt ſind.

Zur mikroskopischen Untersuchung wird der bei der vorgeschriebenen Morphingehalts-Bestimmung verbleibende, abgepreßte Rückstand des Opiums verwendet.

Man fertigt die Präparate in der Weise, daß man diesen Rückstand auf mehrere Objektträger verteilt, mit Hilfe von Nadeln ausbreitet, Chloralhydrat zusetzt und zunächst bei schwacher Vergrößerung betrachtet. Die vom Arzneibuch zugelassenen Gewebepartikel (Fig. 69) verraten sich gleich durch ihre zellige Struktur und zwar gehören Fetzen sehr dickwandiger Zellen der Epidermis der Mohnfrucht, dünne flache Partikel (bei wechselnder Einstellung große Intercellularräume aufweisend) dem Mohnblatt an.

Insbesondere die Mohnblatt-Fragmente sind in vielen Opiumproben sehr massenhaft, weil im Orient der Gebrauch nicht selten ist, durch Einkneten von Mohnblättern in die Opiumkuchen deren Morphingehalt auf das noch erlaubte Minimum von 10 % zu stellen.

Radix Althaeae. — Eibiſchwurzel.

In dem Holze und der Rinde, welche ſtärkereich ſind, liegen in Tangentialreihen angeordnete Gruppen von Sklerenchymfaſern, ferner Oxalat= und Schleimzellen. Die Schleimmaſſen bilden Schichten der Zellwand.

Eibischwurzel ist in folgenden Formen im Handel: a) unzerkleinert mit Außenrinde; b) unzerkleinert geschält; c) grob geschnitten (Sieb 1); d) fein geschnitten (Sieb 3); e) als grobes Pulver (Sieb 4—5); f) als feines Pulver (Sieb 6).

***Untersuchung der unzerkleinerten und geschnittenen
Wurzel.*** — Auch die feine Schnittform von Radix Althaeae bildet

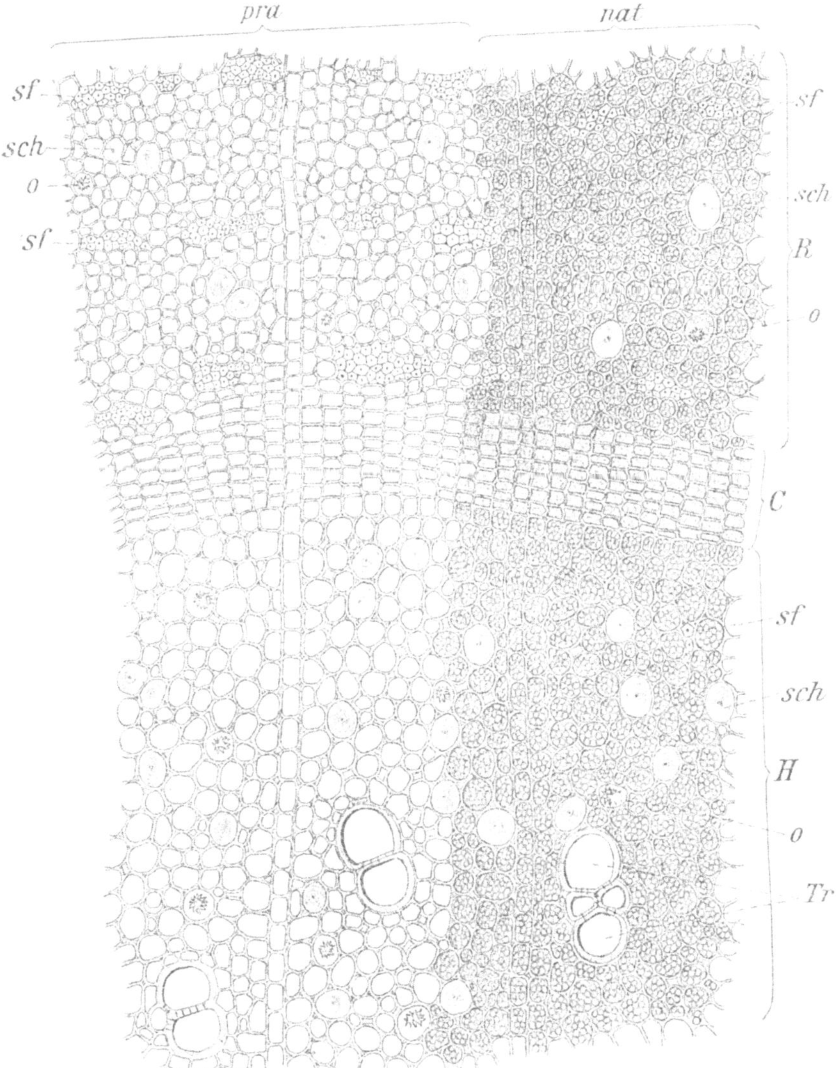

Fig. 70. **Radix Althaeae.** Querschnitt durch die Cambialregion. Vergr. $^{110}/_{1}$. — nat Präparat vor Einwirkung von Kalilauge; pra Stärke durch Kalilauge entfernt; sf Sklerenchym-
faserbündel; sch Schleimzellen; o Oxalatdrusen; R Rinde; C Cambium; H Holzkörper;
Tr Tracheen.

noch so große Stückchen, daß sie, zwischen Kork oder Hollundermark
eingeklemmt, leicht mit dem Rasiermesser zu mikroskopischen Schnitten

verarbeitet werden können. Die Droge wird trocken quer geschnitten
und liefert leicht gute Präparate. Man achte beim Schneiden darauf,
daß die Präparate die schon mit bloßem Auge sichtbare Cambiallinie
enthalten. Die Untersuchung erfolgt zweckmäßigerweise in folgenden
Stationen:

Zunächst lege man einen Querschnitt (Fig. 70) in Wasser und
betrachte ihn darin. Die ganzen fertigen Gewebe bieten ein dunkles
Aussehen. Man unterscheidet leicht Rinde und Holzkörper, welche dicht
mit Stärkekörnchen erfüllt sind und zwischen beiden das hellere, breite
Cambium mit regelmäßig angeordneten Zellen, welche dichten Proto-
plasma-Inhalt führen. In Rinde und Holzkörper fallen gleich einzelne
größere Zellen auf, welche sich hell zwischen den dunklen Stärkezellen
abheben. Dies sind in der Rinde die Schleimzellen, im Holz Schleimzellen und Tracheen. Letztere sind kenntlich an ihren dicken, etwas
gelblichen Wänden und liegen meist in Gruppen, während die dünnwandigen Schleimzellen meist vereinzelt oder zu zweien liegen. Auch
die Sklerenchymfaser-Bündel der Rinde sind schon im Wasserpräparat
zu sehen, doch treten sie hier nicht sehr deutlich hervor.

Nun setzt man dem Wasserpräparat einen Tropfen Kalilauge zu
und verkleistert dadurch die Stärke. In dem durchsichtig gewordenen
Schnitt suche man nach den Kalkoxalatdrusen. Diese sind in Rinde
wie Holzkörper vorhanden, fallen aber nicht gleich auf, sondern müssen
meist nach längerem Suchen, am besten mit stärkerer Vergrößerung
entdeckt werden.

Einen andern Querschnitt behandle man in der oben (p. 15) angegebenen Weise mit Phloroglucin und Salzsäure. Auch durch die
Säure wird die Stärke entfernt; die verholzten Partien der Gewebe
werden gerötet. Zunächst färben sich die Tracheen im Innern des
Cambiums sehr intensiv rot; nach einiger Zeit und blasser (aber immer
sehr deutlich rot) auch die Sklerenchymbündel außerhalb des Cambiums
in der Rinde.

Daß auch im Holze, also innerhalb des Cambiums, in Tangentialreihen angeordnete Gruppen von Sklerenchymfasern vorhanden seien,
ist unrichtig. Auf den allermeisten Schnitten findet man im Holzkörper überhaupt kein Sklerenchym; dann und wann treten vereinzelte
(niemals in Tangentialreihen geordnete) Fasern oder Fasergruppen auf;
diese zeigen dann stets die Nähe einer im Innern der Hauptwurzel
entstehenden Seitenwurzel an.

Untersuchung der Pulver. — In den Wasserpräparaten der
Pulver sind die außerordentlich massenhaften Stärkekörner, sowie die
in garbenförmige Verbände geordneten Sklerenchymfasern der Rinde
die weitaus auffälligsten Elemente. Bei Zusatz von Kalilauge klärt

sich das Präparat; es treten die im Pulver leicht auffindbaren Oxalatdrusen, sowie die Fragmente der Netztracheen hervor. Schleimzellen
dagegen sind im Wasser- oder Kalipräparat nicht mit Sicherheit nachweisbar. Will man sich nicht mit der durch den Geschmack des Pulvers am leichtesten erfolgenden Konstatierung des Pflanzenschleims
begnügen, so liefert die oben (p. 24) beschriebene Tuschereaktion die
schönsten Resultate.

Radix Angelicae. — Angelikawurzel.

**Die Wurzelrinde zeigt auf dem Querschnitte radiale Reihen an-
sehnlicher, intercellularer Sekretbehälter,** welche ein aromatisch riechendes
und schmeckendes Sekret enthalten.

Angelikawurzel wird gehandelt: a) unzerkleinert, in Zöpfen;
b) grob geschnitten (Sieb 1); c) fein geschnitten (Sieb 3); d) als
grobes Pulver (Sieb 4—5); e) als feiner Pulver (Sieb 6).

Untersuchung der ganzen und geschnittenen Droge. —
Auch die radix minutim concisa bildet so große Fragmente, daß
dieselben zwischen Hollundermark leicht in feine Schnitte zerlegt werden können. Es ist zweckmäßig, die Wurzeln vor dem Präparieren
kurz in Wasser aufzukochen, um sie zu erweichen. Ältere (dickere)
Wurzeln geben wegen der im äußern Teil der Rinde massenhaft vorhandenen Lakunen nicht leicht gute Präparate, sondern werden vom
Messer zerrissen. Auch die vom Arzneibuche hervorgehobene radiale
Anordnung der Sekretgänge ist nur an jungen Wurzeln deutlich; sie
wird bei dem spätern Wachstum ebenfalls durch die entstehenden
intercellularen Lufträume gestört.

Der Querschnitt (Fig. 71) zeigt die Verhältnisse insofern deutlich,
als die dunkler (gelbbraun) gefärbten Sekretgänge nicht entgehen
können. Daß dieselben intercellulare (schizogene) Entstehung haben,
erkennt man bei guten Präparaten daran, daß ins Innere der Sekret-
räume keine Zellfetzen hineinhängen, sondern daß ein scharf um-
schriebener Kreis von dunkler gefärbten Wandzellen um den Gang
herumliegt. Wie bereits hervorgehoben, sucht man an ältern Wurzeln
die radiale Anordnung der Sekretgänge meist vergeblich.

Untersuchung der Pulver. — Die Präparate werden in Chloralhydrat untersucht. Von den Sekretgängen bleiben nur allermeist nicht
scharf definierbare, aber durch ihre dunkle, gelbbraune Farbe kenntliche Fetzen im Pulver übrig; mit ihrer Hilfe die Pulver sicher be-

stimmen zu wollen, ist aber unmöglich. Eine Verfälschung des Angelika-
pulvers mit solchem von andern ähnlichen Umbelliferenwurzeln zu erkennen, dürfte sehr schwierig sein; Geruch und Geschmack muß hier

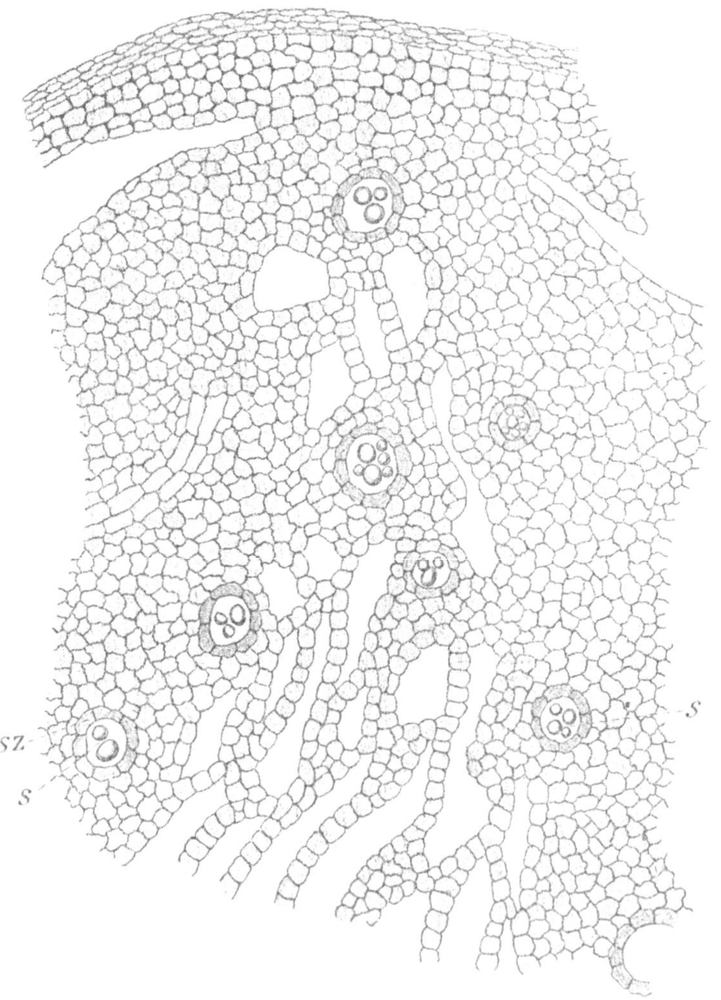

Fig. 71. **Radix Angelicae.** Querschnitt durch den äußersten Teil der Wurzel. Vergr. $^{115}/_1$.
— S Sekretgänge; sz Wandzellen der Sekretgänge.

entscheidend sein. — Bemerkenswert ist die Menge von mikroskopisch
sichtbaren Mineraltrümmern in den Pulvern, welche ihre Ursache darin
findet, daß eine absolute Reinigung der Droge von der anhängenden
Erde nicht möglich ist.

Radix Colombo. — Kolombowurzel.

Das Gewebe der Droge besteht der Hauptsache nach aus Parenchym=
zellen, in denen exzentrisch geschichtete Stärkekörner von höchstens 0,09 mm
Länge liegen.   Zwischen den Parenchymzellen der Rinde treten verein=
zelte verholzte Sklerenchymzellen auf, welche zum Teil Oxalatkristalle
enthalten.   Im Querschnitte des Holzes der Wurzel bilden gelbe Stränge
von kurzgliedrigen Netzfasertracheen unregelmäßige, von Parenchym
unterbrochene Radialreihen.

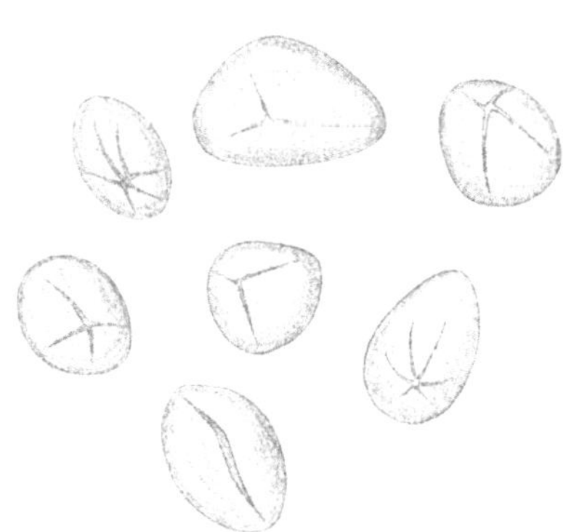

Fig. 72. **Radix Colombo.** Stärkekörner. Vergr. $385/_1$.

Kolombowurzel wird gehandelt: a) unzerkleinert; b) grob
geschnitten (Sieb 1); c) fein geschnitten (Sieb 3); d) als grobes
Pulver (Sieb 4—5); e) als feines Pulver (Sieb 6).

Untersuchung der unzerkleinerten und geschnittenen Droge.
— Die Präparation von radix Colombo ist sehr leicht; hellgelb oder
unter dem Mikroskop farblos ist das Parenchym, gesättigt gelb sind die
verholzten Elemente, welche mit Kalilauge behandelt tief rotbraun
werden.

Um die vom Arzneibuche vorgeschriebenen Kennzeichen zu finden,
fertigt man zunächst Querschnitte durch die Rinde der Droge, möglichst die äußerste Korkschicht mit schneidend.   Nur direkt unter der
Oberfläche kann man darauf rechnen, die Steinzellen anzutreffen.   Bei
den geschnittenen Drogenformen muß man sich Stückchen heraus-
suchen, welche die äußere graubraune Korklage mit unbewaffnetem
Auge oder der Lupe erkennen lassen.   Die Schnitte können von der

7*

trockenen Droge gemacht werden; sie seien zunächst in Wasser betrachtet, um die Stärkekörner (Fig. 72) zu beobachten.

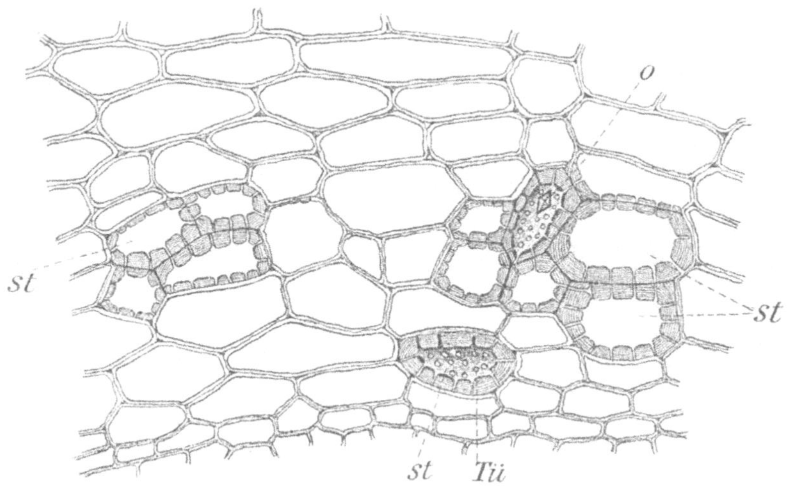

Fig. 73. **Radix Colombo.** Querschnitt durch den äußersten Teil der Droge. **Vergr.** $^{165}/_1$. —
st Steinzellen; o Einzelkristall von Kalkoxalat; Tü Tüpfel der Steinzellen.

Die vom Arzneibuche hervorgehobene exzentrische Schichtung
ist als solche nicht oder kaum erkennbar. Sie wird aber sehr leicht
aus der Lagerung des stets sichtbaren Schichtungszentrums („Kern")

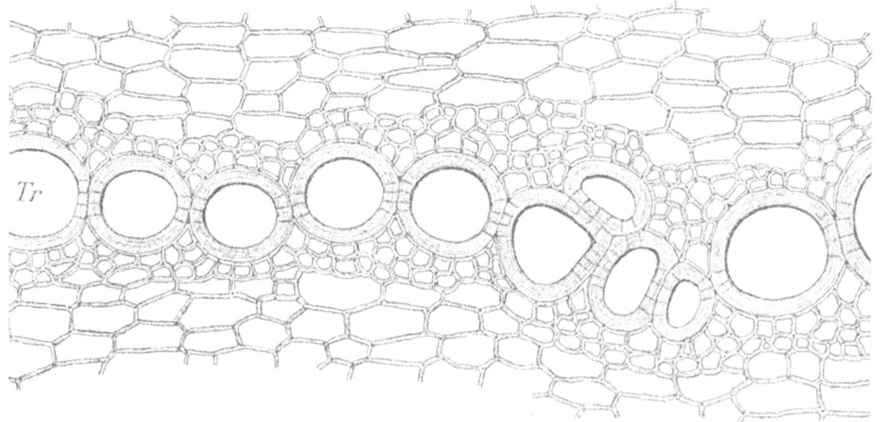

Fig. 74. **Radix Colombo.** In Reihen gestellte Tracheen Tr. Vergr. $^{115}/_1$.

und aus dem Spaltenverlauf im Innern der Stärkekörner erschlossen.
Im Wasserpräparat findet man fast jedes einzelne Korn zerklüftet; die
Spalten konvergieren nach einem exzentrisch gelegenen Punkt; dieser

ist das Schichtungszentrum. — Bei Zusatz von Reagentien (z. B. Glycerin) wird die Spaltung der Stärkekörner weniger deutlich oder schwindet ganz. Die Messung der Körner erfolgt am besten an den massenhaft herausgerissenen, im Wasser neben den Schnitten liegenden Exemplaren und wird in der oben (p. 6) angegebenen Weise vollzogen.

Darauf hellt man dasselbe Präparat mit Kalilauge auf (Fig. 73). Die vorher tief gelben Steinzellen ändern momentan ihre Farbe in rotbraun. Man suche in den am sichersten direkt unter der oberflächlichen Korkschicht auffindbaren Steinzellen nach den Oxalatkristallen. Dieselben sind keineswegs in jeder Steinzelle oder in jedem Präparat auffindbar.

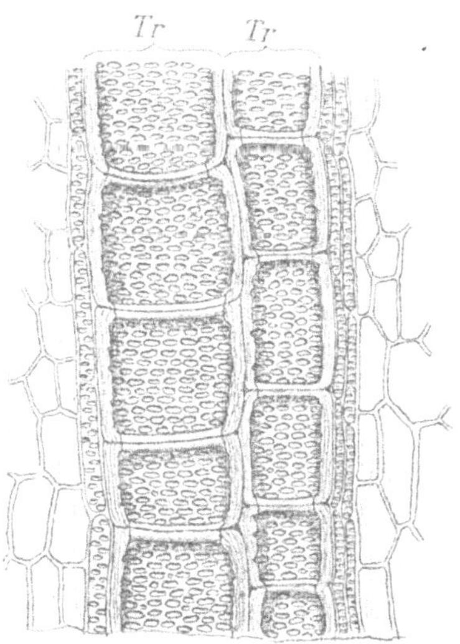

Fig. 75. **Radix Colombo.** Längsschnitt durch 2 Tracheen. Vergr. $^{115}/_1$. — Tr Tracheen.

Die Anordnung der Tracheen des Holzkörpers in radiale Reihen (Fig. 74) wird schon bei Lupenbetrachtung eines glatt geschnittenen Stückchens der Droge gesehen; noch besser tritt sie natürlich bei Betrachtung eines mikroskopischen Schnittes mit schwacher (50fach) Vergrößerung hervor. Auch die Tracheen sind im Wasserpräparat leuchtend gelb.

Endlich ist für die Untersuchung noch ein Längsschnitt (Fig. 75) erforderlich, welcher die Kürze der Tracheenglieder zeigt; es ist vorteilhaft, zu diesem Zweck radiale Längsschnitte zu machen, weil auf solchen meist mehrere Tracheen geschnitten sind. Man fertigt die Schnitte, indem man mit dem Skalpell soviel des Holzkörpers der Wurzel abträgt, bis man eine der mit bloßem Auge sichtbaren, tief gelben

Tracheenreihen freigelegt hat und dann mit dem Rasiermesser die Schnitte abnimmt. Die Verhältnisse sind im Präparat sofort klar erkennbar.

Untersuchung der Pulver. — Die beiden Pulverformen unterscheiden sich dadurch wesentlich, daß das pulvis subtilis fast ausschließlich aus Stärkekörnern gebildet wird, während im pulvis grossus neben diesen noch reichlich andere Elemente vorhanden sind. Die Pulver werden in Wasser untersucht. Die höchst charakteristische Gestalt der Stärkekörner läßt sie in Verbindung mit der gelben Färbung der Gewebefetzen leicht erkennen. Nur im groben Pulver sind die kurzen Tracheenglieder häufig. Steinzellen werden nur nach längerem Suchen gefunden; sie sind an ihrer gesättigten Farbe und den starken Tüpfeln sofort kenntlich. Auf die Konstatierung der Oxalatkristalle in ihnen verwende man keine zu große Mühe.

Radix Gentianae. — Enzianwurzel.

Das Gewebe der Droge ist frei von Sklerenchym, enthält nur äußerst kleine Oxalatkristalle und nur selten vereinzelte Stärkekörnchen. Das Holz der Wurzel zeichnet sich dadurch aus, daß es neben den Netzfasertracheen auch Siebröhren enthält.

Enzianwurzel wird gehandelt: a) unzerkleinert; b) grob geschnitten (Sieb 1); c) fein geschnitten (Sieb 3); d) grob gepulvert (Sieb 4—5); e) fein gepulvert (Sieb 6).

Untersuchung der unzerkleinerten und geschnittenen Droge. — Es werden beliebig geführte dünne Schnitte von der trockenen Droge gemacht, diese in Wasser gelegt und Jodlösung zugesetzt; durch Blaufärbung erkennbare Stärke ist garnicht oder nur in so geringer Menge vorhanden, daß sie in der Praxis kaum aufgefunden wird. Ein Gleiches gilt von den außerordentlich kleinen Oxalatkristallen.

Im Holz der Droge wird allerdings vom Cambium aus nach innen außer Xylem auch Phloëm erzeugt. Dieses sekundäre Phloëm enthält aber nur selten wirkliche Siebröhren, d. h. Röhren mit Siebplatten, wie das Arzneibuch sie als Merkmal angibt. Es ist eine selbst für den durchgebildeten botanischen Anatomen nicht leichte

Aufgabe, diese Siebröhren zu finden; für die pharmazeutische Praxis ist die Anforderung des Arzneibuchs viel zu schwierig und deshalb nicht am Platze. Wer aber, vielleicht nach langem Suchen, Siebröhren finden will, verfahre folgendermaßen:

Man suche an einem Stückchen der Wurzel mit der Lupe die Linie des Cambiums und schneide mit dem Skalpell alles Gewebe außerhalb dieser Linie (Rinde) ab, achte auch zugleich darauf, daß das verbleibende Stückchen das Zentrum der Wurzel mit enthält. Dann maceriere man (vergl. oben p. 16) etwa streichholzstarke Späne des

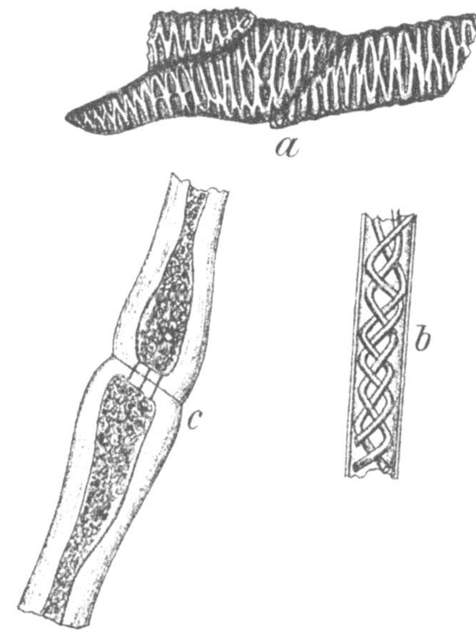

Fig. 76. **Radix Gentianae**. Elemente aus dem Macerations-Präparat. Vergr. $^{256}/_1$. — a Tracheenglieder; b Spiralgefäß aus dem primären Holz; c Siebröhre mit Siebplatte.

Holzteils ganz kurz (2 Minuten) mit Salpetersäure und chlorsaurem Kali, bringe ein maceriertes Stückchen auf den Objektträger und zerdrücke es. Im Präparat (Fig. 76) begegnen nun die Elemente des Wurzelholzes, hauptsächlich Parenchym und oft gliederweise zerfallene Netztracheen. Mit diesen halte man sich nicht auf, sondern suche bei mittelstarker Vergrößerung (200fach) nach Spiraltracheen. Solche sind nur in geringer Zahl vorhanden; sie gehören dem primären Holz an und zeichnen sich durch meist 3 verflochtene Spiralverdickungs-Bänder aus. Hat man solche gefunden, so wende man stärkere (ca. 350fache) Vergrösserung an und suche in der Nähe dieser Elemente des primären Holzes auch nach den Siebröhren des primären markständigen

Phloëms, indem man sein Augenmerk auf breite, zartwandige Elemente mit meist reichlichem, schwärzlich aussehendem Inhalt richtet. An solchen Siebröhren kann man dann auch hoffen, Siebplatten zu finden und damit der Forderung des Arzneibuchs zu genügen.

Untersuchung der Pulver. — Die mikroskopische Prüfung der Pulver muß sich auf Abwesenheit von Stärke und Sklerenchym-Elementen beschränken; die Oxalatkristalle werden nur mit Hilfe des Polarisationsapparates sicher nachgewiesen. — Im pulvis grossus begegnen außer dem oft in großen Schollen erhaltenen Parenchym auch zertrümmerte aber deutlich kenntliche Netztracheen. Im pulvis subtilis fehlen diese fast vollständig; das Parenchym ist hier meistens durchaus zerrieben.

Radix Ipecacuanhae. — Brechwurzel.

Die innen weißliche Rinde ist von einer braunen Korkschicht bedeckt und besteht, außer den Siebröhren, nur aus Parenchymzellen, welche meist zusammengesetzte Stärkekörner und Bündel von nadelförmigen Oxalatkristallen enthalten.

Das harte, hellgelbe Holz besteht allein aus den in der Längsrichtung der Wurzel gestreckten, dickwandigen, verholzten Ersatzfasern mit schräg gestellten, spaltenförmigen Tüpfeln und aus Tracheen, deren Glieder den Ersatzfasern ähnlich, jedoch behöft getüpfelt und meist durch runde, seitlich und den Enden genähert liegende Löcher verbunden sind.

Der Durchmesser der größten Einzelkörner der Stärke soll 0,012 mm nicht überschreiten.

Die offizinelle Rio-Ipecacuanha wird gehandelt: a) unzerkleinert; b) in elegante Querscheibchen geschnitten (Sieb 1); c) fein geschnitten (Sieb 3—4); d) als grobes Pulver (Sieb 4—5); e) als feines Pulver (Sieb 6).

Untersuchung der ganzen und geschnittenen Droge. — Vor der Präparation empfiehlt es sich, die Droge 3—6 Stunden lang in kaltes oder laues (nicht heißes) Wasser zu legen, um die stark kollabierte Rinde zu erweichen.

Dann fertigt man (von den geschnittenen Formen der Droge zwischen Hollundermark) zunächst Schnitte durch die Rinde (Fig. 77) und betrachtet dieselben in Wasser oder in verdünntem Glycerin. Das

Bild (schwächere Vergr., 100—150 fach) zeigt eine fast undifferenzierte Masse von Stärke und dazwischen zerstreut die stärkefreien Oxalatzellen mit ihren garbenförmigen Raphidenbüscheln.

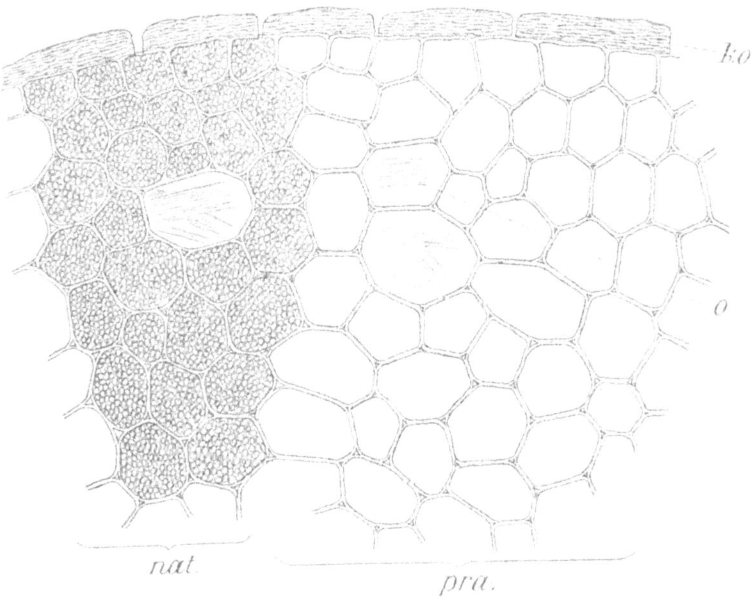

Fig. 77. **Radix Ipecacuanhae.** Querschnitt durch den äußersten Teil der Wurzelrinde. Vergr. 165/1. — nat Präparat vor Einwirkung von Kalilauge; pra Stärke durch Kalilauge entfernt; ko Kork; o Kalkoxalat-Raphiden.

Die Stärkekörner (Fig. 78) studiere und messe (vergl. oben, p. 6) man an den massenhaft im Wasser des Präparats liegenden Exemplaren,

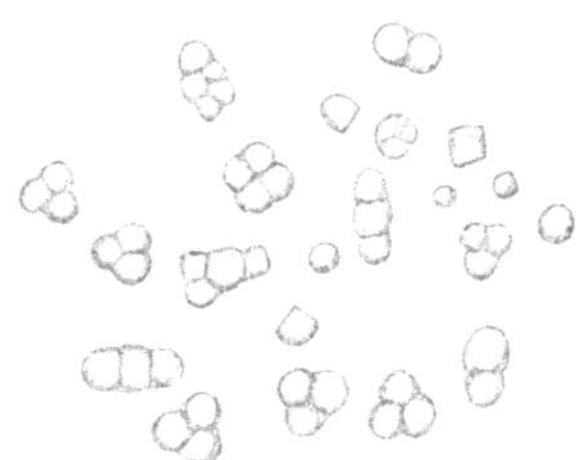

Fig. 78. **Radix Ipecacuanhae.** Stärke. Vergr. 385/1.

indem man stärkere Vergrößerung (ca. 350 fach) anwendet. Zwischen den Stärkekörnern liegen stets aus dem Schnitt herausgerissene Raphidennadeln.

Im weiteren Verlauf der Untersuchung löse man das sich drahtartig leicht von der Rinde absondernde Holz mit den Fingern heraus oder suche sich in der geschnittenen Droge einige der zylindrischen Holzstückchen, zerlege dieselben in höchstens 25 mm lange Teile und koche dieselben so lange in konz. Salpetersäure und chlorsaurem Kali (vergl. oben p. 16), bis die Stückchen sich zu lösen beginnen. Den Zeitpunkt der beendeten Maceration erkennt man daran, daß sich Fetzchen vom Holz ablösen; er ist spätestens nach 5 Minuten Kochen erreicht.

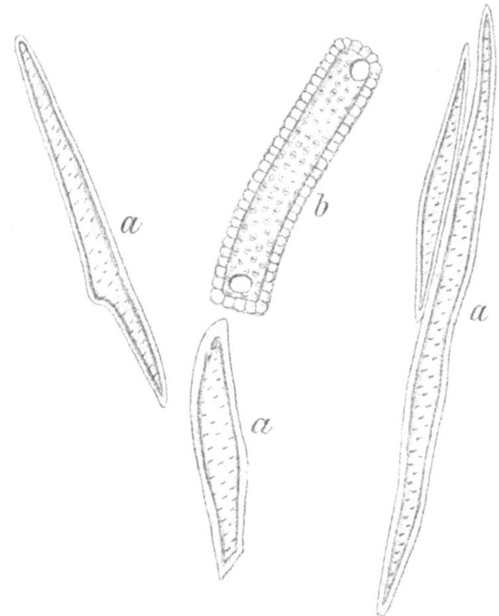

Fig. 79. **Radix Ipecacuanhae.** Elemente aus dem macerierten Holzteil. Vergr. $^{256}/_1$. — a Ersatzfasern; b Tracheenglied.

Dann zerquetsche man eines der macerierten Stückchen und betrachte das Präparat (Fig. 79) in Wasser. Man findet sofort:

a) die Ersatzfasern, welche weitaus die Überzahl der Elemente des Präparates ausmachen und daran kenntlich sind, daß sie spitz zulaufen;

b) die Tracheen, welche in geringerer Anzahl vorhanden sind und meist stumpf auslaufen. Man erkennt an ihnen die schwer sichtbaren Tüpfelhöfe am besten bei starker Abblendung des Lichts oder bei stark schiefer Beleuchtung; dagegen pflegen die runden, seitlich und den Enden genähert liegenden Löcher (Perforationen), mit welchen die Tracheenglieder kommunizieren, meist deutlich zu sein.

Untersuchung der Pulver. — Die Pulver werden zunächst in Wasser bei stärkerer Vergrößerung betrachtet, um die Stärkekörner zu studieren und zu messen. Dann folgt Aufhellung des Präparates durch einen Tropfen Kalilauge. Die Oxalatraphiden, im pulvis subtilis fast stets aus den Zellen herausgerissen und im Präparat zerstreut, sind unverkennbar: auch die Elemente der selbst im feinen Pulver noch splitterartig zusammenhängenden Holzteile sind leicht zu sehen und zu erkennen.

Radix Levistici. — Liebſtöckelwurzel.

Die Wurzeln ſind von rötlichgelbem Korke bedeckt und beſitzen in der weißlichen Rinde **0,04 bis 0,16 mm weite intercellulare Sekretgänge,** welche ein aromatiſches Sekret enthalten.

Radix Levistici ist im Handel: a) unzerkleinert; b) grob geschnitten (Sieb 1); c) fein geschnitten (Sieb 3); d) als grobes Pulver (Sieb 4—5); e) als feines Pulver (Sieb 6).

Untersuchung der unzerkleinerten und geschnittenen Droge. — Behufs Präparation weiche man die Droge 2—3 Stunden lang in Wasser ein oder koche sie kurz in Wasser auf. Für die Untersuchung sind notwendig Querschnitte durch die Rinde (Fig. 80), welche zwar leicht zu machen sind, aber bei ältern Wurzeln meist nur geringen Umfang haben wegen der im Laufe des Wachstums entstehenden Luftlücken in der äußern Rinde. — Bei den geschnittenen Formen der Droge, welche zwischen Hollundermark in mikroskopische Schnitte zerlegt werden, achte man darauf, Stückchen zu verarbeiten, welche den makroskopisch sichtbaren Kork führen.

Die Präparate werden zweckmäßigerweise in Chloralhydrat untersucht. Sie zeigen den dicken Kork unverkennbar; auch die durch ihre gelbbraune Farbe auffallenden Sekretgänge sind sofort zu sehen. Ihre Messung (vergl. oben, p. 6) kann natürlich nur an genau quer (oder längs) geführten Schnitten vorgenommen werden; daß sie intercellularen (schizogenen) Ursprungs sind, erkennt man an guten Präparaten daran, daß keine Zellwandfetzen ins Innere hängen und daß sie von einem geschlossenen Kranz von Wandzellen umgeben sind.

Untersuchung der Pulver. — Dieselben werden in Chloralhydrat eingelegt. In beiden Pulverformen sind zwar gut zusammenhängende Gewebekomplexe sichtbar, allein nur im pulvis grossus auch Sekretgänge genügend konserviert, um Messungen daran auszuführen. Im **pulvis subtilis** sind zwar Fragmente derselben (schon an der Farbe kenntlich) reichlich vorhanden, aber kaum jemals derart erhalten, daß die Breite der Gänge noch untersucht werden könnte. Auch im **pulvis grossus** sind übrigens fast nur kleine Gänge er-

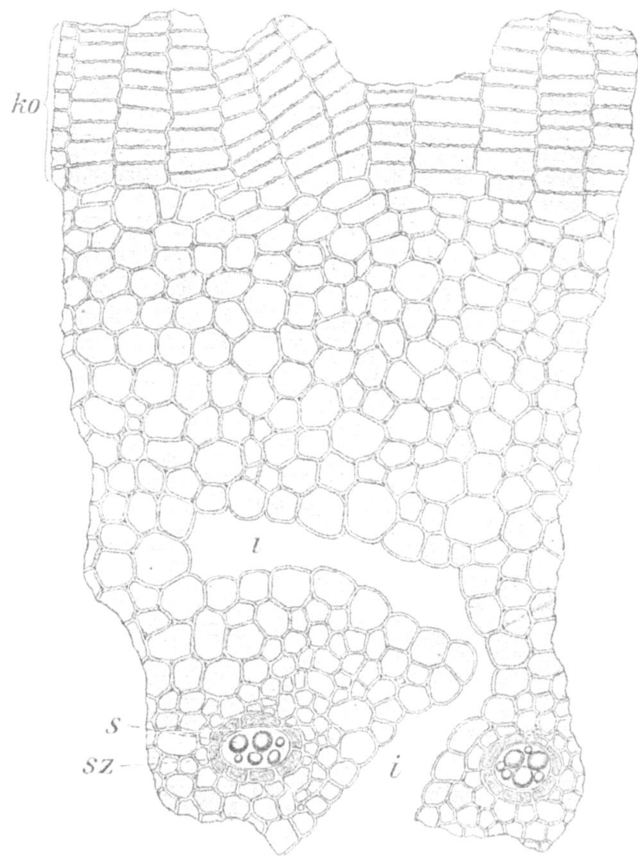

Fig. 80. **Radix Levistici.** Querschnitt durch den äußersten Teil der Rinde, mit Kalilauge behandelt. Vergr. $^{110}/_1$. — ko Kork; i, l Intercellularraum; s Sekretgang; sz Wandzellen um den Sekretgang.

halten, während die großen gleichfalls zerbrochen sind; meine Messungen ergaben mir keine 0,08 mm übersteigende Zahl. — Bemerkenswert ist auch beim Liebstöckel-Pulver die Menge der mikroskopisch sichtbaren Mineralsplitter.

Im wesentlichen wird das Pulver der Droge nicht auf mikroskopischem Wege, sondern durch Geruch und Geschmack zu prüfen sein.

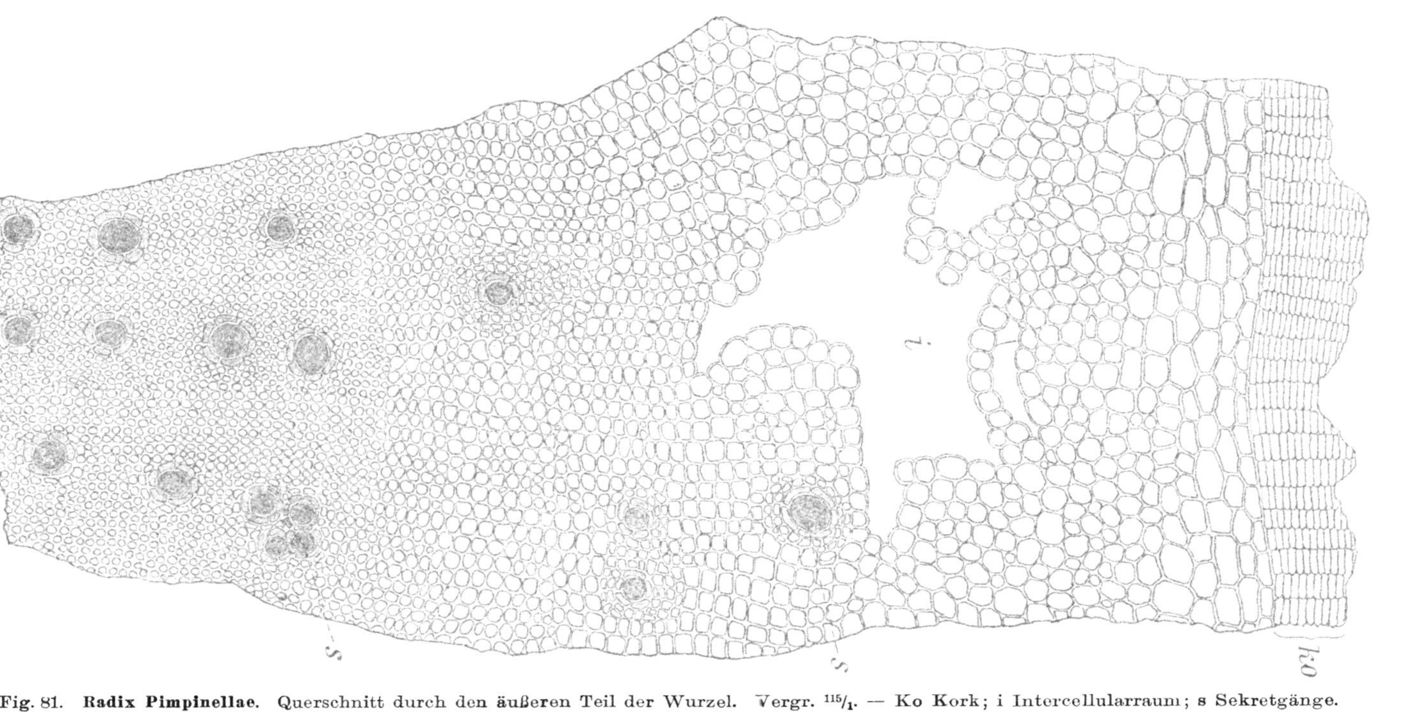

Fig. 81. **Radix Pimpinellae.** Querschnitt durch den äußeren Teil der Wurzel. Vergr. $^{115}/_1$. — Ko Kork; i Intercellularraum; s Sekretgänge.

Radix Pimpinellae. — Bibernellwurzel.

Die Rinde ist nach außen zu großlückig und läßt auf ihrer Quer-schnittfläche Radialreihen braungelber intercellularer Sekretbehälter er-kennen.

Bibernellwurzel wird gehandelt: a) unzerkleinert; b) mittel-fein geschnitten (Sieb 2); c) fein geschnitten (Sieb 3); d) als grobes Pulver (Sieb 4—5); e) als feines Pulver (Sieb 6).

Die Präparation von Bibernellwurzel in allen ihren Handels-formen ist genau die gleiche wie diejenige von Radix Levistici. Beim Anfertigen von Querschnitten (Fig. 81) löst sich die Korkschicht meist ab wegen der Luftlücken in der Rinde. Die radiale Anordnung der Sekretgänge, welche sofort durch ihren tiefbraun-gelben Inhalt auf-fallen, ist an Präparaten aus der ganzen oder geschnittenen Droge unverkennbar, an Pulverpräparaten aber selbstverständlich nicht mehr sichtbar. — Die Pulver enthalten meist wesentlich weniger Mineral-splitter als die von Radix Angelicae und Radix Levistici; auch ihre Identifikation erfolgt am besten durch Geruch und Geschmack.

Radix Rhei. — Rhabarber.

Charakteristisch für den Rhabarber ist die große Zahl der in der Mark-region auftretenden kleinen, offenen Leitbündel, welche ein ringförmiges Cambium, einen strahligen Bau und innen liegende Siebröhren besitzen.

In dem tief orangegelben Rhabarberpulver soll man nur die Stücke von Fasertracheen, die Reste von Parenchymzellen und Siebröhren, die bis 0,1 mm großen Kristalldrusen und die 0,003 bis 0,018 mm großen, rundlichen Stärkekörnchen der Droge erkennen können.

Den Anforderungen des Arzneibuches entspricht wesentlich die als Shensi-Rhabarber bezeichnete Sorte. Diese wird in folgenden Formen gehandelt: a) unzerkleinert; b) zerschlagen; c) in Quer-scheiben zersägt; d) in Würfel von ca. 5 mm Kantenlänge zer-sägt; e) grob geschnitten (Sieb 1); f) fein geschnitten (Sieb 3); g) grob gepulvert (Sieb 4—5); h) fein gepulvert (Sieb 6).

Untersuchung der Drogenformen a—d. — Es dürfte wenige Pharmazeuten geben, welche im stande sind, alle vom Arzneibuche auf-

geführten anatomischen Charaktere des Rhabarbers wirklich zu erkennen und klar zu demonstrieren. Bei der Präparation verfahre man
in folgender Weise:

Man schneide an dem zu untersuchenden Rhabarberstück mit
dem Skalpell eine Fläche glatt und suche auf dieser makroskopisch

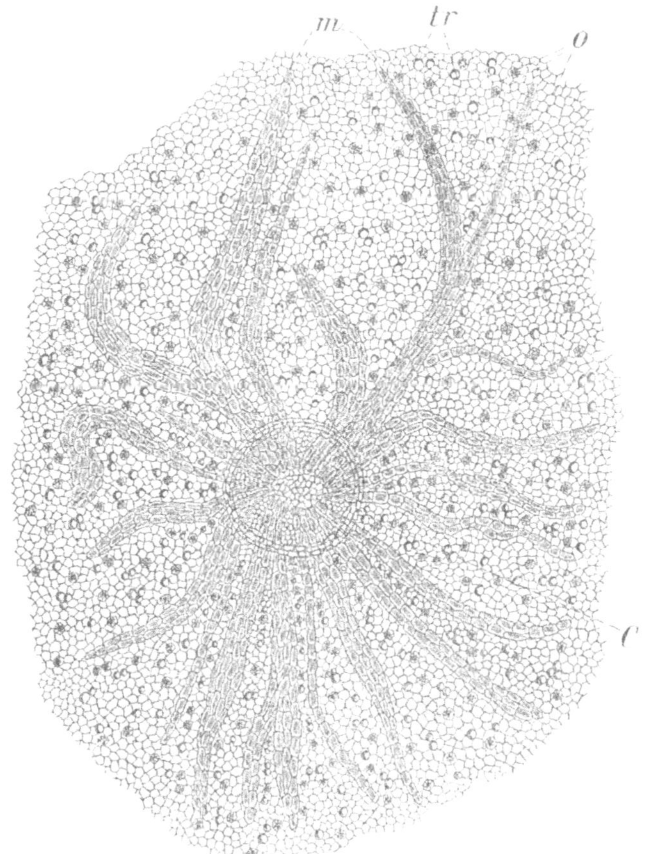

Fig. 82. **Radix Rhei.** Querschnitt durch einen „Stern" der Droge. Vergr. $^{35}/_1$. — m Markstrahlen; tr Tracheen; o Kalkoxalat-Drusen; C Cambium (auf der Figur stärker hervor-
tretend als in Natur).

oder mit ganz schwacher Lupe ein recht regelmäßig ausgebildetes
Exemplar der charakteristischen roten Sterne. Von diesem mache man
feine Querschnitte. Schneidet man dick, so sieht man wenig; schneidet
man dünn, so zerbricht das Objekt. Trocken ist die Droge bröckelig,
angefeuchtet breiig und garnicht schneidbar. In der Praxis wird man
sich mit dicken Schnitten begnügen müssen.

Diese Querschnitte (Fig. 82) zeigen bei ganz schwacher Vergrößerung (ca. 50 fach) die unregelmäßig sternförmig zusammenneigenden, meist verbogenen Markstrahlen (die übrigens schon mit bloßem Auge zu sehen sind) deutlich. Dort, wo die Strahlen zusammentreffen, erkennt man auch manchmal ein kleinzelliges Gewebe, das Phloëm; das ringförmige Cambium dagegen ist sehr schwer sichtbar. Nur an jungen Teilen des Rhizoms ist es deutlicher; man kann es sehen, wenn man die Stelle des Schnittes vorsichtig auswählt. Zu diesem Zweck versuche man, ob ein Ende des Rhizoms beim Schneiden mit dem Skalpell erdig-bröckelige Konsistenz hat. Dies ist das untere,

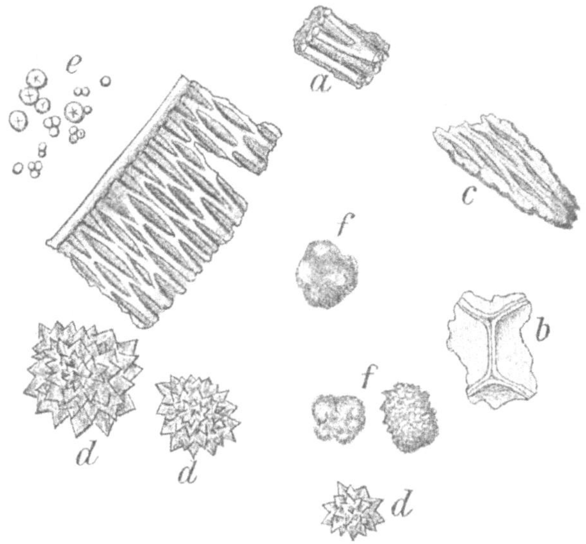

Fig. 83. **Radix Rhei.** Bestandteile des Pulvers. Vergr. $^{165}/_{1}$. — a Tracheenstücke; b Parenchymfragment; c Keratenchym; d Oxalatdrusen; e Stärke; f Inhaltsbrocken der Markstrahlzellen.

absterbende Ende und ihm gegenüber das junge. Von dieser frischen Seite des Rhizoms mache man nun Schnitte, hier hat man die Möglichkeit, das Cambium der Sterne zu sehen.

Unsere Figur ist nach einem Präparat gezeichnet, welches in folgender Weise vorbereitet war: Ein $^{1}/_{4}$ ccm großer Würfel der Droge (mit Nestern!) wurde 2 Tage in Xylol, darauf 1 Tag in Xylolparaffin, 1 Tag in erwärmtes Paraffin gebracht und dadurch ermöglichten sich feine Schnitte. — Phloëm ist zwar im Innern der sternförmigen Gefäßbündel vorhanden, aber dies enthält nur sehr selten auch Siebröhren; an Präparaten aus der Droge sind solche nur in Ausnahmefällen zu sehen.

Untersuchung der geschnittenen Droge. — Beide Schnitt-
formen bestehen aus unregelmäßigen Stückchen. Man findet viele,
welche dunkel orangerote Längsstreifen unter der Lupe erkennen
lassen; auf diese Längsstreifen senkrecht mache man die mikroskopischen Schnitte.

Untersuchung der Pulver. — Die Pulver werden in Wasser
untersucht. An auffälligen Elementen (Fig. 83) sind in erster Linie zu
nennen die großen Oxalatdrusen (im pulvis subtilis vielfach zer-
splittert), die Fragmente der großen Netztracheen, Schollen von Parenchymzellen sowie die Stärkekörner. Von letztern unterscheidet man
zwei, durch Zwischengrößen verbundene Typen, nämlich große Körner
mit deutlicher, oft sehr auffälliger Spaltung und sehr kleine, häufig zusammengesetzte ohne Spalten. Sehr wichtige Elemente, besonders des
pulvis grossus stellen ferner die braungelben Inhaltsballen der
Markstrahlzellen dar; bei längerem Suchen entgehen auch helle, ge-
streifte Gewebefetzen nicht, welche sich als Keratenchym (zusammen-
gedrücktes Phloëm) charakterisieren. — Siebröhren im Rhabarberpulver
zu suchen dürfte etwas zeitraubend sein.

Radix Sarsaparillae. — Sarsaparille.

**Ihr Querschnitt zeigt eine braune Endodermis, welche von einem
rein weißen Rindenparenchym umgeben ist; die Stärkekörner des
Parenchyms sind unverquollen.**

Die offizinelle Honduras-Sarsaparille wird gehandelt: a) unzerkleinert; b) in Scheiben geschnitten; c) grob geschnitten
(Sieb 1); d) fein geschnitten (Sieb 3); e) grob gepulvert (Sieb **4**);
f) fein gepulvert (Sieb 6).

*Untersuchung der unzerkleinerten und geschnittenen
Droge.* — Auch die feine Schnittform besteht noch aus so großen
Stückchen, daß mikroskopische Querschnitte zwischen Kork leicht erzielt werden. Schon makroskopisch zeigt die Querschnittfläche unter
der dicken, weißen Rinde einen dunkleren Gewebering, als dessen
äußerste Schicht bei Lupenbetrachtung die linienförmige, braune Endodermis sichtbar wird. Der mikroskopische Querschnitt (Fig. 84) läßt
die Verhältnisse natürlich noch klarer erkennen. Hier hebt sich die
Endodermis durch ihre dunkle, gelbbraune Farbe sofort von allen
andern Geweben ab; auch die hufeisenartige Verdickung ihrer Zellwände ist sehr auffällig.

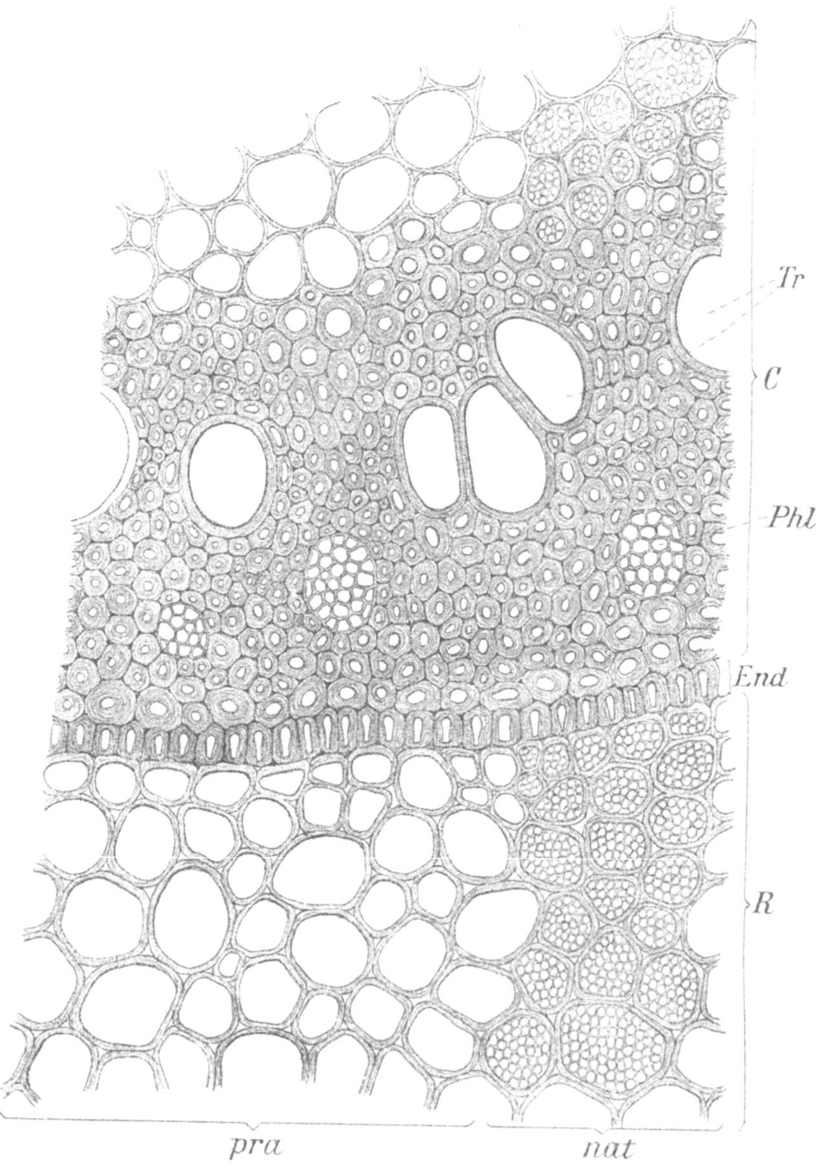

Fig. 84. **Radix Sarsaparillae.** Querschnitt. Vergr. $^{105}/_1$. — nat Präparat mit Stärke; pra Präparat durch Einwirkungen von Kalilauge stärkefrei; C Zentralzylinder; End Endodermis; R Rinde; Tr Tracheengruppen; Phl Phloëmteile.

Ob die Stärke (durch Trocknen der Wurzel in der Hitze) verkleistert ist oder nicht, erkennt man am besten, wenn man die neben
dem Präparat im Wasser schwimmenden Körnchen betrachtet. Sind
hier (Fig. 85) distinkte Körner resp. von zusammengesetzten Körnern
gebildete Aggregate massenhaft vorhanden, so ist die Stärke unver-
kleistert; bei im Bruch nicht stäubender Sarsaparille, deren Stärke verkleistert ist, fallen beim Anfertigen der mikroskopischen Schnitte keine
Einzelkörner sondern höchstens vereinzelte dicke Stärkeballen aus den
Zellen heraus.

Untersuchung der Pulver. — Beide Pulverformen werden in
Wasser untersucht und lassen die vom Arzneibuch angegebenen mikroskopischen Merkmale aufs vollendetste erkennen. Das grobe Pulver
macht durchaus den Eindruck einer sehr fein geraspelten, aber nicht
einer geschnittenen Droge: es ist fast staubfrei und besteht aus lang-

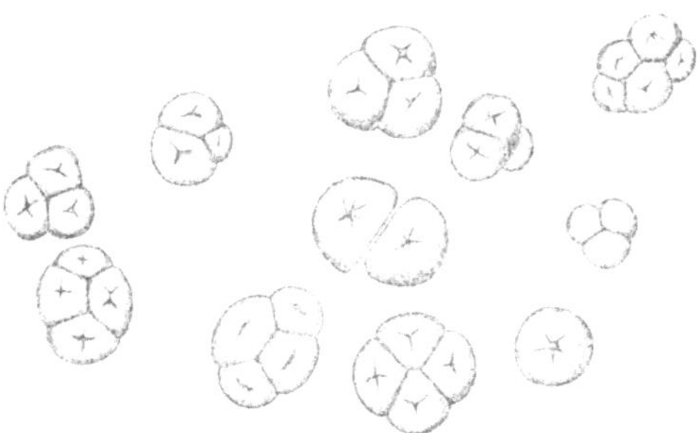

Fig. 85. **Radix Sarsaparillae.** Stärke. Vergr. $^{385}/_1$.

gestreckten Gewebefetzen, welche Stärke reichlich enthalten. Braun
gefärbt sind unter dem Mikroskop hauptsächlich die Schollen des Korkgewebes und die Fragmente der Endodermis. Letztere erscheinen als
Steinzell-Zylinder mit sehr starken Tüpfeln; die ungleichmäßige Verdickung ihrer Membranen ist bei günstiger Lage der Fragmente vorzüglich daran zu erkennen, daß das Lumen als schmaler Streif der
einen (unverdickten) Wand entlang verläuft. Im übrigen unterscheidet
man leicht die Fragmente des hier und da Oxalat-Raphidenbündel
führenden Parenchyms von den durch Leitergefäße ausgezeichneten
Splittern des Holzkörpers und den sklerenchymatischen Fasern.

Im feinen Pulver sind die holzigen Elemente viel seltener als im
groben, aber auch hier sind die charakteristischen eben beschriebenen
Längsbilder der braunen Endodermiszellen unverkennbar, wenn auch
selten. Die Stärke ist massenhaft, auch sind reichlich Raphiden-Nadeln
vorhanden.

Radix Senegae. — Senegawurzel.

Einzelne Wurzeln jeder Pflanze sind zickzackförmig gebogen und zeigen dann an der Innenseite jeder Biegung eine kielförmige Erhebung der Rinde, **an der Außenseite, nach Abschälen der Rinde, eine Abflachung oder Spaltung des gelben Holzes. Die Tracheen der stärkefreien Wurzel sind kurzgliederig, mit kreisförmig durchbrochenen Zwischenwänden und schräg gestellten, spaltenförmigen, behöften Tüpfeln.**

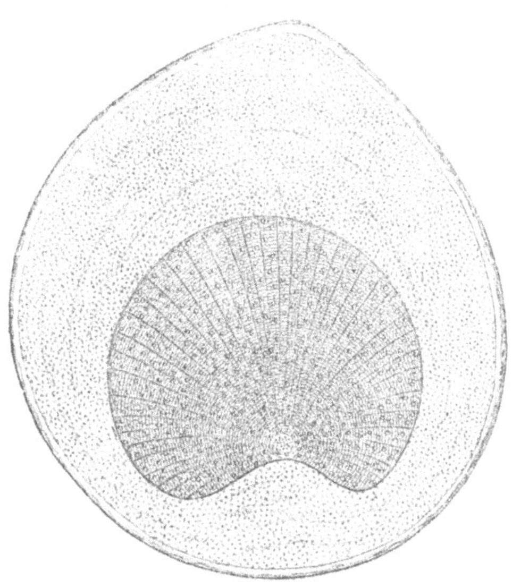

Fig. 86. **Radix Senegae.** Querschnitt. Vergr. $^{35}/_1$.

Senegawurzel wird gehandelt: a) unzerkleinert; b) grob geschnitten (Sieb 1); c) fein geschnitten (Sieb 3); d) grob gepulvert (Sieb 4—5); e) fein gepulvert (Sieb 6).

Untersuchung der ganzen und grob geschnittenen Droge. Wie das Arzneibuch hervorhebt, sind die charakteristischen Spalten im Holzkörper und Kiele an der Oberfläche keineswegs an allen Wurzeln und überall, sondern nur an einzelnen und an diesen an wenigen Stellen deutlich sichtbar. Bei der ganzen Droge suche man sich die Kniestellen zur Untersuchung, bei den grob geschnittenen suche man mit der Lupe sich Querschnittsbilder auf, welche die Einkerbung des Holzkörpers zeigen. Ein Querschnitt durch die bezeichneten Stellen der Droge läßt schon bei Lupenbetrachtung das Merkmal erkennen;

deutlicher tritt es bei ganz schwacher mikroskopischer Vergrößerung
(bis 50 fach) hervor (Fig. 86). Sehr instruktiv ist hier die Phloroglucin-
Salzsäure-Reaktion (vergl. oben p. 15), welche das Holz tief rot färbt
und dadurch die Verhältnisse schon makroskopisch unverkennbar hervorhebt.

Um die Tracheen des Holzes zu untersuchen, ist das Macerationsverfahren (vergl. oben p. 16) der sicherste Weg. Von 2—3 Stunden
lang aufgeweichter oder kurz in Wasser gekochter Droge schäle man
die Rinde ab und zerschneide den drahtförmig-zylindrischen Holzkörper
in kurze Stäbchen; von diesen koche man einige $2^1/_2$ Minuten lang im
Macerationsgemisch. Nachdem die Holzteile durch Zerdrücken des
Holzes und Zerfasern mit der Nadel isoliert sind, betrachte man das
Präparat mit mittelstarker (200 fach) Vergrößerung. — Man suche
größere Röhren (Fig. 87) mit nicht lang zugespitzten Enden, prüfe dieselben auf die ringförmigen Perforationen beiderseits und betrachte,

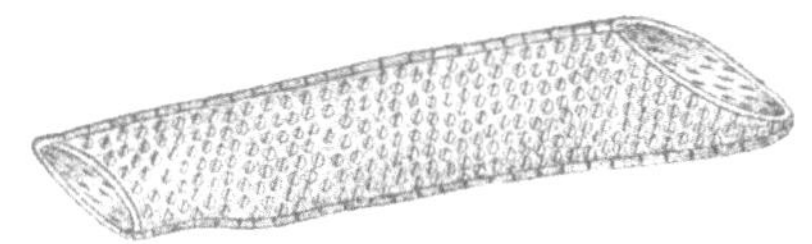

Fig. 87. **Radix Senegae**. Tracheenglied aus dem macerierten Holz. Vergr. $^{256}/_1$.

wenn die Perforationen gefunden sind, das Tracheenstück mit stärkerer
(350 fach) Vergrößerung unter Anwendung schiefer Beleuchtung. Dann
sieht man nicht nur die spaltenförmigen Tüpfel, sondern auch die
runden Höfe, welche aber kleiner als die beiderseits herausragenden
Tüpfel sind.

Untersuchung der feingeschnittenen Droge. — Bei dieser
Drogenform muß man, der starken Verkleinerung wegen, schon auf
die Untersuchung der Rindenkiele und Holzspalten verzichten. Dagegen ist die Maceration des Holzes leicht durchzuführen; man verwende dazu einzelne der zerschnittenen, bereits von der Rinde gelöst
daliegenden dünnen Holzzylinder.

Untersuchung der Pulver. — Die Senega-Pulver sind zu
sehr zerkleinert, als daß man noch irgend etwas vom anomalen Bau
des Holzkörpers sehen könnte; anderseits sind für die Beobachtung
der feineren Tracheenstruktur die Fragmente noch zu groß. Man
maceriere deshalb die Pulver ganz kurz ($^1/_2$ Minute genügt!) in
kochender Salpetersäure + chlors. Kali, gieße den Inhalt des Reagens-
glases in ein Spitzglas mit Wasser, lasse absitzen, verwende von dem
Bodensatz zum Präparat und fertige dies an, indem man die Teile

unter dem Deckglas zerdrückt. — Nur das grobe Pulver enthält reichlicher Holzelemente; im feinen Pulver, welches hauptsächlich aus zerriebenem Parenchym besteht, sind sie viel seltener und es muß hier oft lang gesucht werden, bis ein schönes und charakteristisches Tracheenstück aufgefunden wird.

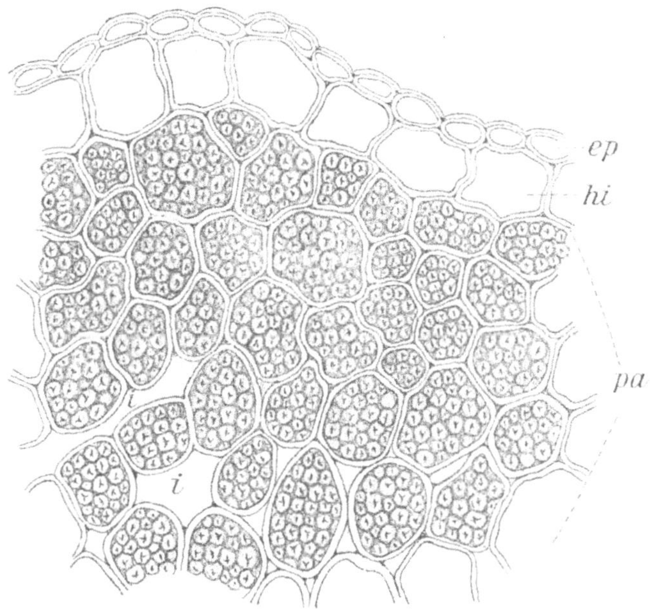

Fig. 88. **Radix Valerianae.** Querschnitt durch den äußersten Teil einer jungen Wurzel. Vergr. $^{385}/_1$. — ep Epidermis; hi Sekret führendes Hypoderm; pa Stärke führendes Rindenparenchym; i Intercellularräume.

Radix Valerianae. — Baldrian.

Die ungefähr 2 mm dicken Wurzeln besitzen noch die stärkehaltige primäre Rinde. Ihre verkorkte, einschichtige Hypodermis enthält allein das gewürzhaft riechende Sekret der Droge.

Baldrianwurzel wird gehandelt: a) unzerkleinert; b) geschnitten (Sieb 1—2); c) gestoßen (Sieb 3—4).

Untersuchung der unzerkleinerten und geschnittenen Droge. — Die vom Arzneibuche angegebenen Merkmale werden zweckmäßig auf Querschnitten untersucht. Man wähle zu denselben nicht die dicken Teile der Wurzel, obgleich dieselben sich bequemer schneiden, sondern junge, dünne Wurzelstückchen. An den älteren Wurzelteilen ist nämlich die Epidermis, welche allein die sichere Konstatierung des Hypoderms ermöglicht, meist mehr oder weniger vollständig zerfallen resp. wenig deutlich; dagegen sind die Epidermis-Zellen an jungen, dünnen Wurzeln fast stets gut zu sehen.

Zum Schneiden verwende man nicht aufgekochte, sondern einige Stunden in Wasser aufgeweichte Droge. Feine Querschnitte (Fig. 88) werden in Wasser betrachtet; sie zeigen leicht die kleinzellige Epidermis, darunter das großzellige (vielfach für die Epidermis gehaltene) Hypoderm, dann kommt das mit Stärke erfüllte Parenchm der Rinde.

Untersuchung der gestossenen Droge. — Bei dieser Drogenform sind die Stückchen schon zu klein, um leicht zwischen Hollundermark geschnitten zu werden. Es empfiehlt sich, sie trocken in Paraffin einzubetten (vergl. oben p. 23) und so die Querschnitte zu gewinnen. — Die Epidermis pflegt bei dieser Drogenform durch das Zerkleinerungsverfahren stark gelitten zu haben.

Rhizoma Calami. — Kalmus.

Der Querschnitt läßt bei mikroskopischer Betrachtung die einschichtigen, aus stärkehaltigen Parenchymzellen bestehenden Gewebeplatten, welche die großen Luftlücken umgeben, als ein Maschennetz erkennen, in dessen Knotenpunkten die verkorkten, ein farbloses Sekret enthaltenden Sekretzellen liegen.

Die offizinelle, geschälte Kalmusdroge wird gehandelt: a) unzerkleinert; b) in Würfel zerschnitten (Sieb 1); c) fein geschnitten (Sieb 3); d) grob gepulvert (Sieb 4—5); e) fein gepulvert (Sieb 6).

Untersuchung der ganzen und geschnittenen Droge. — Schnitte, welche die vom Arzneibuch aufgeführten mikroskopischen Charaktere zeigen, werden aus denjenigen Teilen der Droge gewonnen, welche bei Lupenbetrachtung massenhafte feine, wie mit der Nadel gestochene Löcher erkennen lassen. Nur beim feingeschnittenen Rhizom sind diese Löcher nicht ohne weiteres sichtbar, weil sie durch Stärkestaub ausgefüllt werden. Hier suche man sich mit der Lupe Stückchen heraus, welche ein korallenartiges, aus feinen Längsröhren gebildetes Gefüge erkennen lassen.

Querschnitte (Fig. 89) aus der trockenen Droge sind sehr leicht
schön erzielbar; man betrachte dieselben in Wasser bei mittelstarker
(ca. 150 fach) Vergrößerung. Dann tritt sofort das maschige Gefüge
entgegen; die Luftlücken sind farblos, die Zellplatten dagegen scheinen
durch ihren Stärkeinhalt fast schwarz. Die Sekretzellen in den Knotenpunkten werden an ihrer Stärkelosigkeit oder Stärkearmut leicht
erkannt.

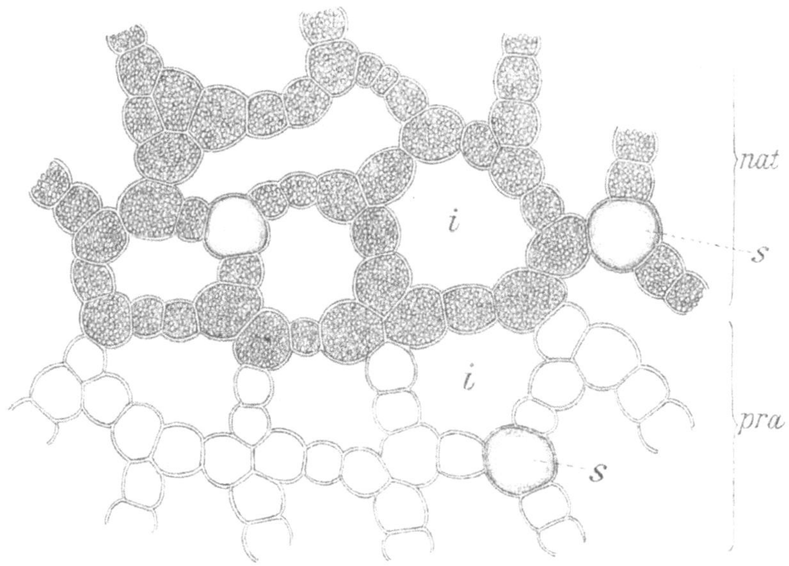

Fig. 89. Rhizoma Calami. Querschnitt durch den äußeren Teil der Droge. Vergr. $^{385}/_{1}$. —
nat Präparat vor Einwirkung von Kalilauge; pra Stärke durch Kalilauge entfernt:
s Sekretzellen; i Intercellularräume.

Untersuchung der Pulver. — Das charakteristische Maschen-
gefüge der Droge geht beim Pulvern vollkommen verloren, da gerade
die Parenchymzellen der Zellplatten sich voneinander lösen oder zerrieben werden. — Die Pulver bestehen wesentlich aus Stärkekörnern,
stärkeführenden Parenchymzellen und Fetzen der Gefäßbündel mit
schönen Tracheen. Sekretzellen zu finden gelingt durch Anwendung
von Alkanna-Tinktur in der Weise, daß man das Pulver direkt in die
Tinktur einlegt und darin nach 5—10 Minuten betrachtet. Dann kann
man vereinzelte stärkefreie Parenchymzellen finden, welche sich
durch ihre tief rote Farbe auszeichnen. Dies sind die Sekretzellen.

Rhizoma Galangae. — Galgant.

Auf dem Querschnitte der dicksten Teile der Rhizomstücke erkennt man eine dicke, von zahlreichen, zerstreut stehenden Leitbündeln durchzogene Rinde, **welche außen mit der Epidermis abschließt.** Die Rinde umschließt einen zentralen Leitbündelzylinder, **in welchem die Bündel dicht gedrängt stehen. Die Stärkekörner des Galgants sind keulenförmig, ihr Kern liegt im dickeren Ende.**

Galgant ist im Handel: a) unzerkleinert; b) grob geschnitten (Sieb 1); c) fein geschnitten (Sieb 3); d) grob gepulvert (Sieb 4—5); fein gepulvert (Sieb 6).

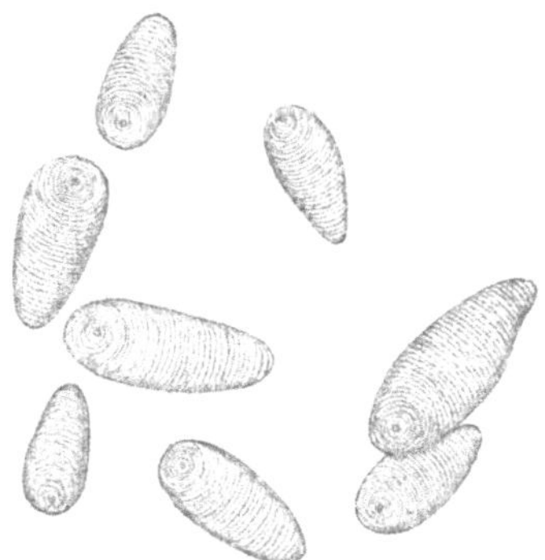

Fig. 90. **Rhizoma Galangae.** Stärke. Vergr. $^{335}/_1$.

Untersuchung der unzerkleinerten Droge. — An einem Stück des trockenen Rhizoms schneide man mit dem Skalpell eine Querschnittfläche zunächst vollkommen glatt und feuchte dieselbe dann an. Es tritt nun der Zentralzylinder als braune Kreisscheibe sehr deutlich schon für das unbewaffnete Auge hervor. Auch erkennt man (jedenfalls mit der Lupe) die zerstreuten Gefäßbündel, welche außerhalb des Zentralzylinders (in der Rinde) verlaufen und bei scharfem Zusehen oft auch deutlich die massenhaften, dicht gedrängten Gefäßbündel des Zentralzylinders.

Darauf kratze man von der Schnittfläche der Droge mit dem Messer etwas Pulver ab und betrachte dasselbe in Wasser bei stärkerer (350facher) Vergrößerung. Schiefe Beleuchtung ist vorteilhaft. Man sieht die reichlich vorhandenen, keulenförmigen Stärkekörner (Fig. 90)

sofort; auch Kern und exzentrische Schichtung derselben ist deutlich
zu erkennen.

Dann mache man vom äußersten Teil der Rinde feine Querschnitte und lege dieselben in Kalilauge ein. Sie sollen die Epidermis,
welche das Rhizom umhüllt, zeigen. Man achte darauf, daß eine einfache, nach außen sehr stark verdickte Zellreihe, nicht aber ein ge-
schichtetes Korkgewebe den oberflächlichen Abschluss der Droge
darstellt.

Schließlich zeigt ein Querschnitt durch den Zentralzylinder
(Fig 92) schon bei schwacher Vergrößerung die in diesem Teil dicht
gedrängten Gefäßbündel, welche jeweils von einem Sklerenchymfaser-

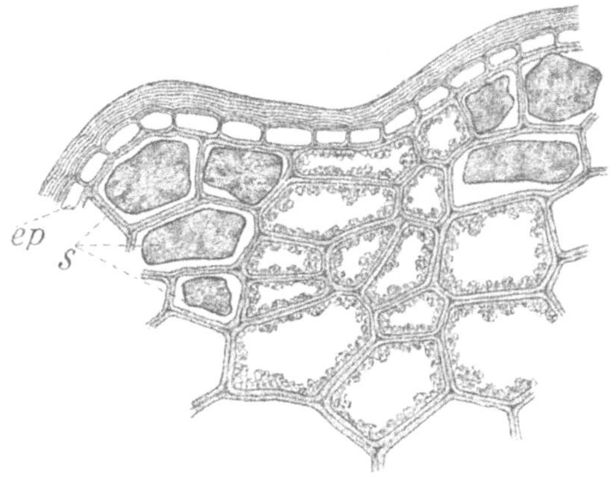

Fig. 91. **Rhizoma Galangae.** Querschnitt durch den äußersten Teil der Droge. Vergr. $^{256}/_1$.
— ep Epidermis; s zu Klumpen eingetrocknetes Sekret.

Mantel umgeben sind und in ihrem Innern eine Gruppe weitlumiger
Zellen enthalten.

Untersuchung der geschnittenen Droge. — Um die Schnitt-
formen der Droge mit Erfolg zu untersuchen, ist eine genaue Lupenprüfung
der einzelnen Stückchen zunächst wichtig. Man breite ein größeres
Quantum der geschnittenen Droge vor sich aus und suche mit der
Lupe: 1. Fragmente, welche die rotbraune Oberfläche des Rhizoms
noch zeigen. Bei der feingeschnittenen Form muß man bei der Auswahl dieser Stückchen vorsichtig sein, da auch der Zentralzylinder
häufig rotbraun aussieht. Wenn irgend möglich, wähle man für die
Anfertigung der die Epidermis zeigenden Schnitte ein Stückchen, an
welchem eine der charakteristischen quer verlaufenden, von den Nieder-
blättern herrührenden Wellenlinien vorhanden ist.

Leichter sind die Fragmente des Zentralzylinders mit der Lupe durch ihr streifiges Gefüge sowie durch die feinen, über die Querbruchsflächen etwas herausragenden Sklerenchymfasern zu erkennen. — Die Präparation der ausgewählten Fragmente erfolgt zwischen Kork eingeklemmt wie bei der unzerkleinerten Droge.

Untersuchung der Pulver. — Die Pulver werden in Wasser untersucht. Sie sind unverkennbar charakterisiert durch den höchst eigentümlichen Bau ihrer Stärkekörner in Verbindung mit den massenhaft vorhandenen braunen Sekretzellen. Epidermisfetzen (manchmal mit Spaltöffnungen!), kenntlich an ihren grossen, rotbraunen Zellen, begegnen im groben Pulver nicht selten, fehlen dagegen dem feinen fast völlig. Langgestreckte Splitter entstammen den Gefäßbündeln und zeigen sowohl Sklerenchymfasern wie Tracheen.

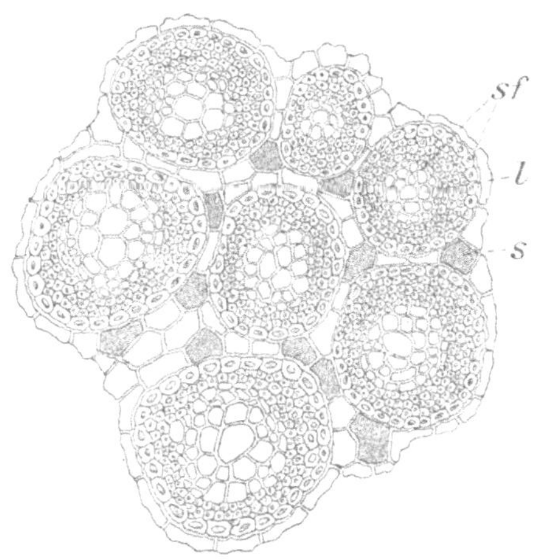

Fig. 92. **Rhizoma Galangae.** Teil eines Querschnittes durch den äußersten Teil des Zentralzylinders. Vergr. $^{115}/_1$. — sf Sklerenchymfasern-Umfassung der Leitbündel; l Leitbündel; s Sekretzellen.

Rhizoma Hydrastis. — Hydrastisrhizom.

Bei mikroskopischer Betrachtung läßt der Querschnitt des Rhizoms eine nicht sehr dicke Korkschicht erkennen. Die Hauptmasse des Rhizoms wird von Parenchymzellen gebildet, welche mit 0,003 bis 0,02 mm großen Stärkekörnern erfüllt sind. Um ein großes Mark geordnet liegen 10 bis 20, meist 14 Leitbündel, deren Holzteil Tüpfeltracheen und kurze Sklerenchymfasern mit schräggestellten Spaltentüpfeln enthält.

Legt man einen dünnen Querschnitt des Rhizoms in einen Tropfen Salpetersäure, so entstehen in dem Gewebe sofort sehr zahlreiche

**gelbe, nadelförmige Kriſtalle, welche ſich mit dem Mikroſkope leicht er=
kennen laſſen.**

Hydrastis-Rhizom wird gehandelt: a) unzerkleinert; b) geschnitten (Sieb 3); c) mittelfein gepulvert (Sieb 5); d) fein gepulvert (Sieb 6).

Untersuchung der unzerkleinerten Droge. — Man weiche
ein Rhizomstück 5—6 Stunden lang in Wasser auf und lege mit dem
Skalpell eine glatte Querschnittsfläche an. Darauf zähle man zunächst

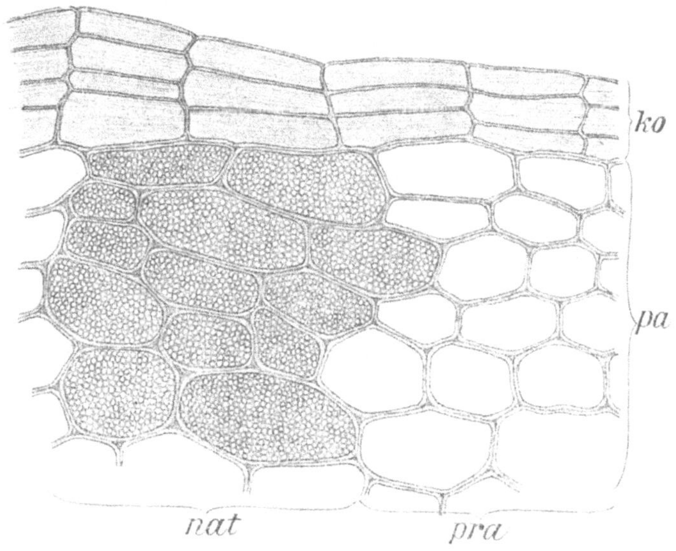

Fig. 93. **Rhizoma Hydrastis.** Querschnitt durch den äußersten Teil der Droge.
Vergr. $^{385}/_1$. — ko Kork; pa Rindenparenchym; nat Präparat vor Einwirkung von Kalilauge;
pra **Stärke durch Kalilauge entfernt.**

mit bloßem Auge oder mit Hilfe der Lupe die sich gut abhebenden,
strahlenförmigen Markstrahlen.

Dann mache man von der äußersten Partie des Rhizoms feine mikroskopische Querschnitte (Fig. 93) und
betrachte dieselben in Wasser. Der Kork besteht aus
wenigen Lagen ziemlich großer, bräunlicher, tafelförmiger
Zellen. Unter ihm ist das Rindenparenchym vollgepfropft
mit den sehr kleinen Stärkekörnchen (Fig. 94).

Fig. 94. **Rhizoma Hydrastis. Stärke.** Vergr. $^{385}/_1$.

Um diese zu untersuchen und zu messen (vergl.
oben p. 6), halte man sich an die Körnchen, welche aus den Zellen
herausgerissen sind und im Wasser neben dem Querschnitt liegen.

Im weiteren Verlauf der Untersuchung mache man von dem aufgeweichten Drogenstück Längsschnitte. Man verwirft die Schnitte, bis man (von außen kommend) auf ein makroskopisch sichtbares, weißliches Maschennetz stößt. Aus der Region dieses Netzes werden die Schnitte (Fig. 95) dann in Chloralhydrat oder Kalilauge eingelegt und untersucht. — Die Gefäße sind sehr kurzgliederig; sie sehen wie Netzgefäße aus. Daß wirklich kleine Tüpfelhöfe vorhanden sind, erkennt

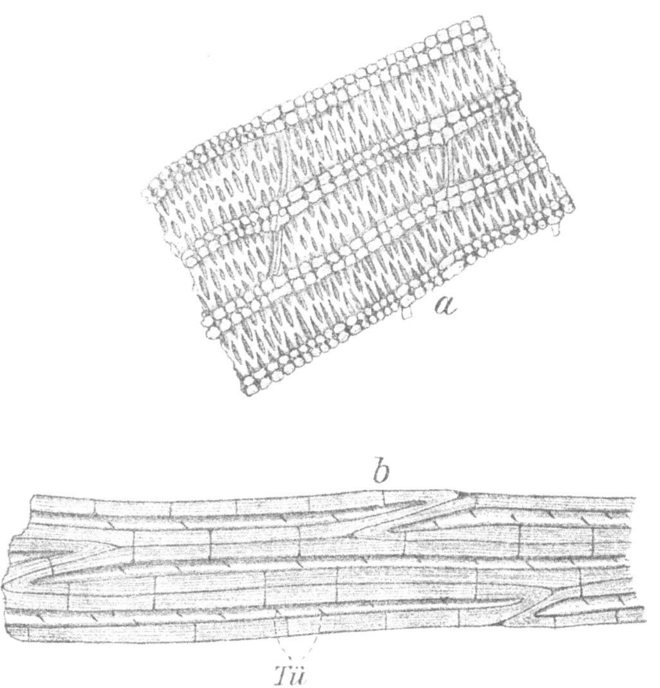

Fig. 95. **Rhizoma Hydrastis.** Verholzte Elemente, Längsschnitt. Vergr. $^{385}/_1$. — a Tracheen; b Holzfasern (Tü spaltenförmige Tüpfel).

man am besten, wenn man gut getroffene Gefäßwände mit stärkerer (350fach) Vergrößerung genau studiert. In ihnen sieht man die Tüpfelhöfe als rundliche Löcher der Intercellularlinie entlang eine Reihe bilden.

Die Sklerenchymfasern liegen nicht in denselben Schnitten wie die Gefäße, sondern von ihnen getrennt. Sie bilden Bündel starkwandiger Elemente mit nur undeutlicher Spaltentüpfelung.

Endlich mache man von trockener (nicht eingeweichter) Droge einige Querschnitte, lege dieselben auf einen Objektträger, bedecke sie mit einem Tropfen konzentrierter Salpetersäure, lege das Deckglas auf und betrachte mit mittelstarker (ca. 200fach) Vergrößerung.

Die gelben Kristalle von Berberinnitrat (Fig. 96) können nicht übersehen werden; sie sind nadelförmig und liegen meist in sternförmigen Gruppen. — Bei Verwendung der Säure achte man darauf, das Mikroskop nicht zu beschädigen!

Untersuchung der geschnittenen Droge. — Geschnittenes *Hydrastis*-Rhizom besteht aus kurzen, plumpen Stückchen, welche dem Gewebekörper des Rhizoms entstammen, langgestreckten, gelbbraunen dünnen Zylindern, welche kleingeschnittene Wurzeln darstellen und flachen, meist gestreckten Splittern, die außen braun, innen schön gelb sind und aus abgelöstem Korkgewebe bestehen. — Für die Untersuchung (außer auf Berberinnitrat) kommen die Wurzelfragmente nicht

Fig. 96. **Rhizoma Hydrastis.** Kristalle von Berberinnitrat. Vergr. $^{385}/_1$.

in Betracht; die Korklamellen können leicht zwischen Hollundermark geschnitten werden. Die Untersuchung der gelben, groben Rhizomfragmente erleichtert sich sehr durch Erweichen in kaltem oder lauem Wasser, doch pflegt die Anzahl der Leitbündel nicht mehr festgestellt werden zu können.

Untersuchung der Pulver. — Die Pulver werden zunächst in Wasser betrachtet und darin die Stärkekörner gemessen, dann ist es zweckmäßig, durch einen Tropfen Kalilauge die Präparate aufzuhellen. Alle mikroskopischen Merkmale bleiben selbst im pulvis subtilis noch gut kenntlich. Das dünne Korkgewebe tritt als unverkennbare, braune Schollen entgegen; die Tracheen (bündelweise im Zusammenhang) sind häufig, etwas seltener die Sklerenchymbündel. — Am raschsten wird die Identität der Pulver durch die Bildung der Berberinnitrat-Kristallsterne in konz. Salpetersäure erwiesen.

Rhizoma Iridis. — Veilchenwurzel.

Das stärkereiche Parenchym enthält verkorkte Oxalatzellen, in denen meist nur ein bis 0,25 mm langer, prismatischer Kristall, in Schleim eingebettet, liegt. Sklerenchymelemente fehlen dem Rhizome.

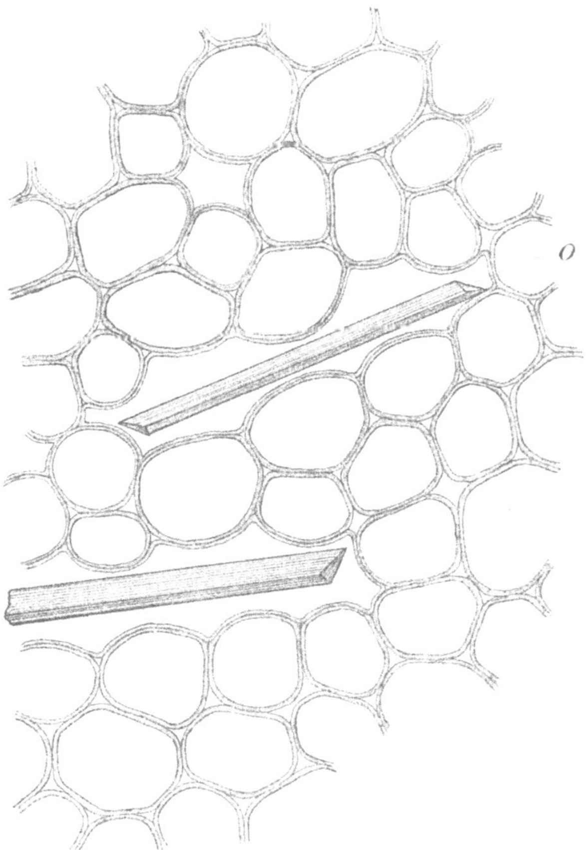

Fig. 97. **Rhizoma Iridis.** Längsschnitt durch das Parenchym der Droge, mit Kalilauge behandelt. Vergr. $^{165}/_1$. — o Balkenkristalle von Kalkoxalat.

Geschälte Veilchenwurzel wird gehandelt: a) unzerkleinert; b) gedrechselt in eleganten, flachen Stücken („Schnuller" für Kinder zur „Erleichterung" des Zahnens); c) grob geschnitten (Sieb 1); d) fein geschnitten (Sieb 3); e) grob gepulvert (Sieb 4—5); f) fein gepulvert (Sieb 6).

Untersuchung der Drogenformen a—d. — Man nimmt ein Stück der ganzen oder ein Stückchen der geschnittenen Droge, legt, am besten in der Längsrichtung des Rhizoms, mit dem Skalpell eine glatte Fläche an und hebt von dieser feine mikroskopische Schnitte (Fig. 97) ab. Diese betrachte man erst in Wasser, um die Stärke zu sehen, und füge dann dem Präparat Kalilauge zu. Dadurch werden die von der Stärke häufig verdeckten großen Kristallbalken frei. Da sie mehr oder weniger genau in der Längsrichtung des Rhizoms liegen, werden sie durch Querschnitte zertrümmert.

Die Angabe des Arzneibuchs, daß die Kristalle in Schleim eingebettet seien, entspricht nicht der Wirklichkeit. Man kann sich von der Abwesenheit des Schleims durch Anwendung der Tuschereaktion (vergl. oben p. 24) leicht überzeugen.

Um die Kristalle in reicher Auswahl zu haben und sie bequem messen zu können, empfiehlt es sich, etwas von der Droge abzuschaben, dem Pulver Kalilauge zuzusetzen und dadurch die Kristalle zu isolieren.

Untersuchung der Pulver. — Behufs Beobachtung der exzentrisch geschichteten, großen Stärkekörner, welche den Hauptbestandteil der Pulver ausmachen, werden dieselben in Wasser untersucht. Dann kann man die Stärkekörner durch Kalilauge entfernen und behält die stets zertrümmerten großen Säulenkristalle, Parenchymreste und durch Ring- und Spiralgefäße gekennzeichnete Fetzen der Gefäßbündel als häufige Bestandteile im Präparat.

Rhizoma Veratri. — Weiße Nieswurzel.

Die weißliche Querschnittsfläche der Droge zeigt außen eine dünne, schwarze Parenchymschicht und darunter die bis zur **bräunlichen, verkorkten, einschichtigen Zylinderscheide** reichende, 2 bis 3 mm dicke, von Leitbündeln durchzogene Rinde. **In der Peripherie des Leitbündelzylinders liegen zahlreiche, größtenteils konzentrische und unregelmäßig gekrümmte Leitbündel.**

Rhizoma Veratri wird gehandelt: a) unzerkleinert; b) mittelfein geschnitten (Sieb 2—3); c) grob gepulvert (Sieb 4—5); d) fein gepulvert (Sieb 6).

Untersuchung der unzerkleinerten Droge. — Das Rhizom kann in trockenem Zustande präpariert werden. Man schneide zunächst mit dem Skalpell eine genau quer liegende Fläche glatt und suche auf dieser die mit der Lupe leicht sichtbare bräunliche Linie (Endodermis), welche Zentralzylinder und Rinde scheidet.

Aus dieser Partie des Rhizoms mache man feine, die Endodermis enthaltende Querschnitte (Fig. 98) und lege dieselben in Kalilauge ein.

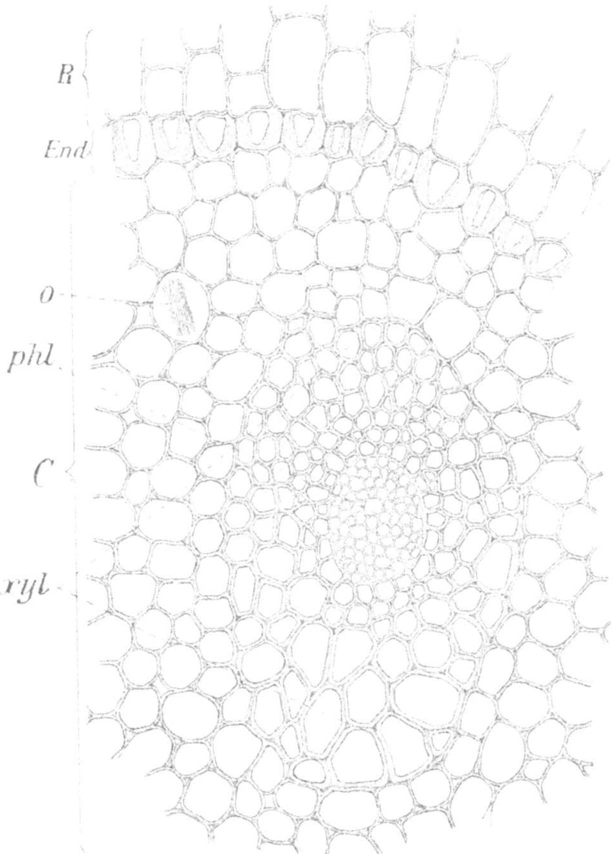

Fig. 98. **Rhizoma Veratri.** Querschnitt durch ein Gefäßbündel im äußeren Teil des Zentralzylinders. Vergr. $^{256}/_1$. — R Rinde; End Endodermis; C Zentralzylinder; o Raphidenbündel von Kalkoxalat; phl Phloëm; xyl Xylem.

Mit schwacher oder mittelstarker Vergrößerung sieht man, daß die bräunliche Endodermis aus mehr oder weniger unregelmäßig hufeisenförmig verdickten, einreihigen Zellen besteht. Im Innern der Endodermis verlaufen zahlreiche Gefäßbündel. Daß dieselben konzentrisch gebaut sind, erkennt man daran, daß das dünnwandige und kleinzellige Phloëm von dem dickwandigen, großzelligen Xylem rings umschlossen wird. Auf einem genau quer geführten Schnitt sind aber nur wenige Gefäßbündel auch wirklich genau quer durchschnitten: die meisten sind schief getroffen, von einigen sieht man Längsschnitt-figuren. Dies ist der beste Beweis dafür, daß die Gefäßbündel ge-krümmt verlaufen.

Untersuchung der geschnittenen Droge. — Die Schnittform besteht aus sehr unregelmäßigen Stückchen, welche leicht nach ihrer Provenienz in Teile des Rhizoms (derb, weißlich, unregelmäßig zer-brochen), der Wurzeln (braun, zylindrisch) und des Blattschopfes (flach, häutig) gesondert werden. Von den Rhizomfragmenten nehme man eine recht grosse Zahl, weiche sie in kaltem oder lauem Wasser 2 bis 3 Stunden lang ein und suche dann an den gequollenen Stückchen mit der Lupe nach einer Stelle, welche die braune Endodermis-Linie zeigt. Dann präpariere man, wie oben angegeben, weiter.

Untersuchung der Pulver. — Die gesamten Merkmale des Arzneibuches sind, weil sie Lagerungsverhältnisse der Elemente be-treffen, an den Pulvern nicht mehr nachzuweisen. Eine chemische (Pseudojervin- und Protoveratrin-) Reaktion dagegen ist auch mikro-skopisch sehr schön zu machen. Setzt man dem Wasserpräparat einen Tropfen konzentrierte Schwefelsäure zu, so färben sich alle nicht bereits am lebenden Rhizom abgestorbenen Gewebe (solche sind z. B. die schwarzen Zellen der äußersten Rindenschicht und das direkt darunter liegende Parenchym, die Fragmente der membranösen Blätter etc.) hell- bis grasgrün. — Man verfolge das Vordringen der Schwefelsäure unter dem Deckglas mit schwacher Vergrößerung.

Rhizoma Zedoariae. — Zitwerwurzel.

Das Parenchym enthält große, flache, exzentrisch geschichtete Stärke-körner.

———

Zitwerwurzel wird gehandelt: a) in Scheiben geschnitten; b) grob geschnitten (Sieb 1); c) fein geschnitten (Sieb 3); d) grob gepulvert (Sieb 4—5); e) fein gepulvert (Sieb 6).

Die Stärkekörner der Zitwerwurzel (Fig. 99) sind infolge der vor dem Trocknen der Droge meist vorgenommenen Erhitzung teilweise verkleistert, so daß bei der Stückdroge wenigstens in den äußeren Teilen der Gewebe undifferenzierte Kleisterklumpen liegen. Weiter nach innen folgen teilweise verkleisterte Körner, an welchen die Schich-tung meist sehr gut zu sehen ist. Die intakten Körner zeigen die

Schichtung nur in Ausnahmefällen deutlich; bei schärfstem Zusehen ist meist nur am breiten Ende der Stärkekörner andeutungsweise eine Linienfolge zu erkennen. Dagegen pflegt im dünneren Ende der Körner das Schichtungszentrum als schwach dunkler Punkt bemerkbar zu sein.

Die Schichtung aller Körner ist aber dadurch gut sichtbar zu machen, daß man eine sehr schwache (hell weingelb aussehende) Jodjodkalilösung auf das Präparat wirken läßt.

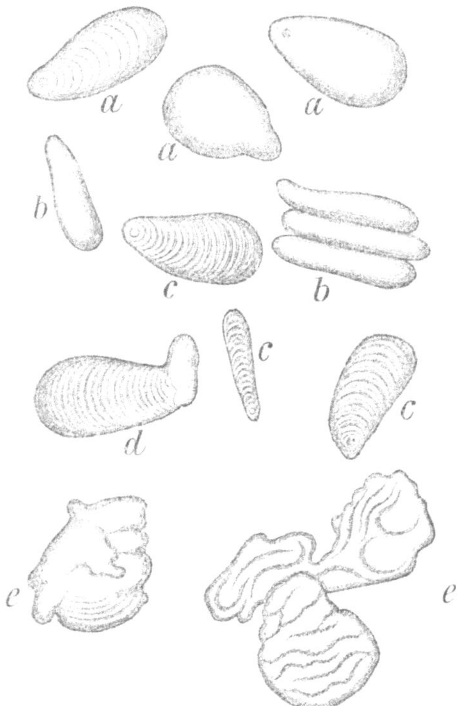

Fig. 99. **Rhizoma Zedoariae.** Stärke. Vergr. $^{380}/_1$. — a Stärkekörner von oben; b von der Seite; c mit schwacher Jodlösung behandelt; d wenig verkleistert; e zum größten Teil verkleistert.

Die abgeplattete Form der Körner pflegt bei den einzeln liegenden nicht deutlich zu sein, weil diese auf ihrer breiten Seite liegen. Dagegen ist die Schmalseite sehr oft bei aneinanderhängenden Körnern, insbesondere bei noch in Zellen eingeschlossener Stärke, zu sehen.

Man untersucht alle Formen der Droge, indem man entweder das Pulver des Handels oder von den grössern Formen abgeschabte Teile in einen Tropfen sehr schwacher Jod-Jodkaliumlösung einbringt und darin betrachtet.

9*

Rhizoma Zingiberis. — Ingwer.

Die hellbräunlichen Sekretzellen sind im Parenchym des Rhizoms gleichmäßig verteilt.

Ingwer wird gehandelt: a) unzerkleinert, ungeschält, (bedeckt); b) unzerkleinert, teilweise geschält; c) unzerkleinert, geschält; d) grob geschnitten (Sieb 1); e) fein geschnitten

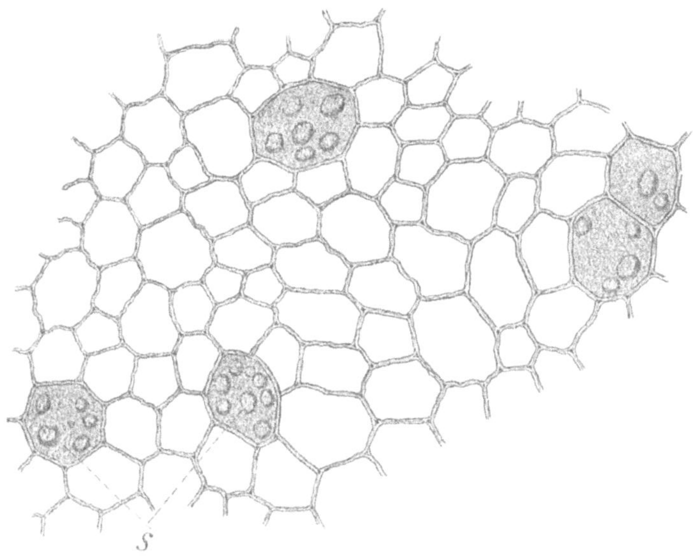

Fig. 100. **Rhizoma Zingiberis.** Querschnitt durch das Parenchym der Droge. Vergr. $^{165}/_1$. — S Sekretzellen.

(Sieb 3); f) grob gepulvert (Sieb 4—5); g) fein gepulvert (Sieb 6).

Untersuchung der unzerkleinerten und geschnittenen Droge. — Beliebig geführte mikroskopische Schnitte durch das Rhizom zeigen die Sekretzellen ohne weiteres. Man fertige die Schnitte (Fig. 100) von der trockenen Droge an und entferne die massenhaft vorhandene Stärke durch einen Tropfen Kalilauge.

Untersuchung der Pulver. — Auch in den Pulvern sind die Sekretzellen resp. die dunkeln, gelbbraunen verharzten Inhaltsbrocken derselben reichlich vorhanden und gleichmäßig verteilt.

Secale cornutum. — Mutterforn.

Die Droge besteht aus einem gleichmäßigen, parenchymartigen Ge=
webe, welches bei mikroskopischer Betrachtung bis auf die violett gefärbte
Rindenschicht farblos erscheint.

Nach der Vorschrift des Arzneibuches soll Mutterkorn nicht in
gepulvertem Zustand vorrätig gehalten werden. Trotzdem wird außer

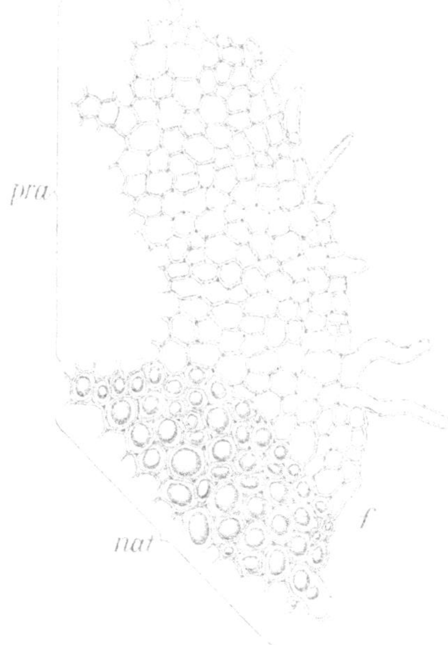

Fig. 101. **Secale cornutum.** Schnitt durch die Randpartie des Sclerotium. Vergr. $^{385}/_1$.
— nat Gewebe mit Fettinhalt; pra Fettropfen durch Chloralhydrat entfernt; f Fett-
tropfen.

der unzerkleinerten und geschnittenen (Sieb 3) Droge noch das
grobe Pulver (Sieb 4—5) und ein durch Lösungsmittel entöltes
feines Pulver (Sieb 6) gehandelt. — Insbesondere die letztgenannte
Drogenform soll sich selbst gegenüber der unzerkleinerten Droge durch
außerordentliche Haltbarkeit auszeichnen.

***Untersuchung der unzerkleinerten und geschnittenen
Droge.*** — Von beiden Formen ist es leicht, mikroskopische Schnitte
anzufertigen, indem man die Objekte zwischen Kork einklemmt. Die

violette Farbe der Rindenschicht und des benachbarten paraplektenchymatischen (pseudo‑parenchymatischen) Gewebes (Fig. 101) ist schon mit unbewaffnetem Auge leicht sichtbar. Man verwende zur Aufhellung der Präparate Chloralhydrat, welches auch das Öl nach kurzer Einwirkung entfernt.

Untersuchung der Pulver. — Dieselben zeigen die violette Färbung makroskopisch bereits aufs deutlichste. Man lege die Pulver in verdünnte Salzsäure ein und betrachte sie darin. Alle ursprünglich violetten Teile werden durch die Säure prachtvoll rot gefärbt.

Semen Colchici. — Zeitloſenſamen.

Die dünne, braune, **aus zuſammengefallenen Zellen beſtehende Samenſchale** ſchließt das graue, **aus dickwandigen, mit kreisförmigen Tüpfeln verſehenen, Fett führenden Zellen zuſammengeſetzte Endoſperm** und den 0,5 mm langen Keimling ein.

Zeitlosensamen werden gehandelt: a) unzerkleinert; b) geschnitten (Sieb 3); c) grob gepulvert (Sieb 4—5); d) fein gepulvert (Sieb 6).

Untersuchung der unzerkleinerten Samen. — Den Anforderungen des Arzneibuchs kann durch Querschnitte durch Samenschale und äußere Partien des Endosperms (Fig. 102) genügt werden. Um dieselben anzufertigen, klemme man einen trockenen Samen zwischen Kork und schneide, wegen der harten Konsistenz des Objekts mit einem keilförmig geschliffenen Rasiermasser, ungefähr $^1/_3$ ab. Dann mache man einige feine mikroskopische Schnitte, welche sowohl die Samenschale, wie auch vom grauweißen Endospermgewebe enthalten.

Einige Schnitte lege man für 15 Minuten in Alkannatinktur, spüle mit Wasser ab und betrachte sie in Wasser. Man findet das Endospermgewebe erfüllt mit hochrot gefärbten Massen, dem Fett.

Andere Schnitte lege man in Chloralhydrat oder Kalilauge. Von der braunen Samenschale ist nur die innerste Schicht von zusammengedrückten Zellen gebildet, weiter nach außen sind auch große, nicht zusammengefallene Zellen vorhanden. Das Endosperm zeigt strahligen Bau. Seine Zellen sind sehr dickwandig; die Wände findet man durch große, runde Löcher unterbrochen, welche insbesondere überall dort, wo eine Zellwand in der Fläche sichtbar ist, ganz unverkennbar sind. — Im Chloralhydrat-Präparat ist das Fett lange in Tropfenform sichtbar; im Kali-Präparat wird es rasch verseift.

Untersuchung der geschnittenen Droge. — Die Fragmente dieser Form sind so klein, daß sie nur schwer sich direkt präparieren lassen. Es ist zweckmäßig, sie in der oben (p. 23) beschriebenen Weise in Paraffin einzubetten und auf diese Weise für das Messer zu fixieren. Man achte darauf, die Schnitte von Fragmenten zu gewinnen, an welchen die tief braune Samenschale noch festsitzt und sich nicht abgelöst hat und schneide senkrecht auf die Schale.

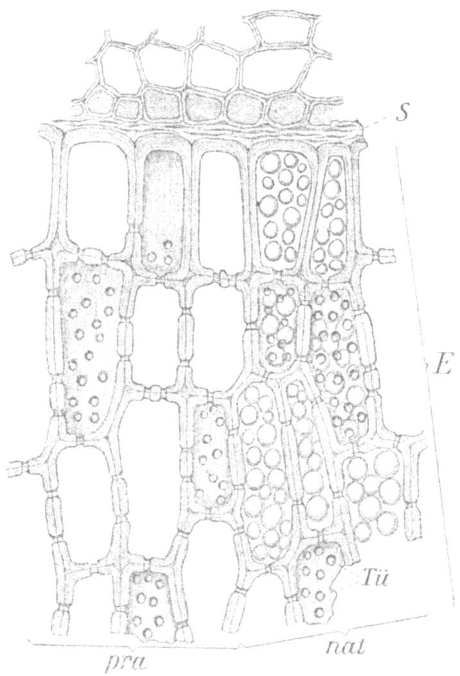

Fig. 102. **Semen Colchici.** Querschnitt durch die Randpartie des Samens. Vergr. $^{256}/_1$. — S Zusammengedrückte Schicht der Samenschale; E Endospermgewebe; pra Fett durch längere Einwirkung von Chloralhydrat entfernt; nat Fettropfen in den Zellen sichtbar; Tü Tüpfel der Zellwände.

Untersuchung der Pulver. — Die Pulver werden zweckmäßigerweise in Chloralhydrat eingelegt und untersucht; sie bestehen aus braunen Fragmenten der Samenschale und des Funiculus sowie aus farblosen, welche Endosperm und Embryo angehören. Die Endospermpartikel sind durch ihre reichlich vorhandenen Fettropfen ausgezeichnet; sie lassen auch gepulvert die charakteristische kreisförmige Tüpfelung leicht erkennen.

Semen Erucae. — Weißer Senfſamen.

Der Querſchnitt der Samenſchale läßt bei mikroſkopiſcher Betrach=
tung eine aus Schleimzellen beſtehende Epidermis erkennen; unter
dieſer liegen zwei Schichten von Zellen, deren Wände collenchymatiſch
verdickt ſind.

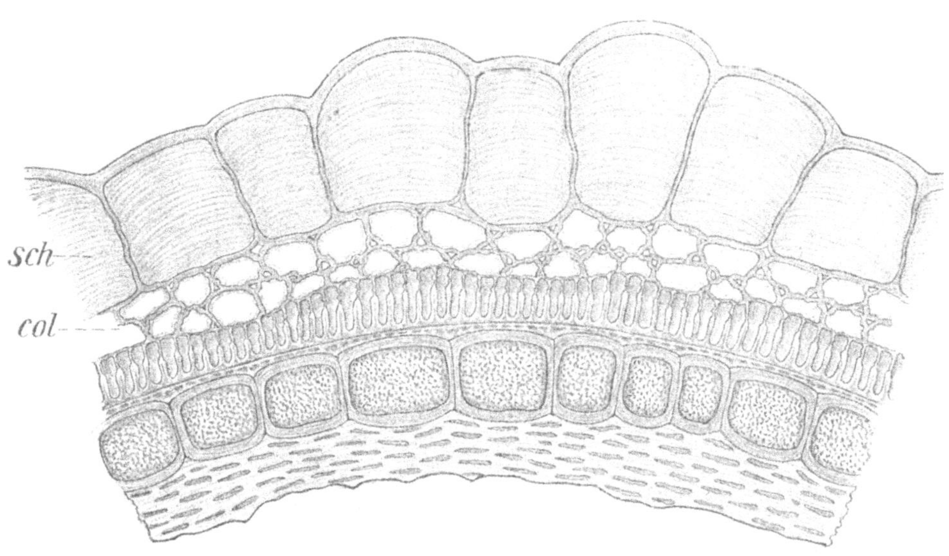

Fig. 103. **Semen Erucae.** Querschnitt durch die äußersten Partien des Samens.
Vergr. $^{385}/_1$. — Sch Schleimepidermis; col collenchymatische Zellschicht.

Weißer Senf wird gehandelt: a) unzerkleinert; b) grob gepulvert (Sieb 4—5); c) mittelfein gepulvert (Sieb 5); d) fein
gepulvert und entölt (Sieb 6).

Untersuchung der unzerkleinerten Droge. — Die Samen
werden in der p. 23 beschriebenen Weise in Paraffin eingebettet und
quer geschnitten. Um die vom Arzneibuch angegebenen Kennzeichen
zu sehen, kommt es hier darauf an, wirklich dünne Schnitte durch die
Samenschale (Fig. 103) anzufertigen; nur die feinsten Präparate er-
lauben es, über die Collenchymschicht unter der Schleimepidermis
Klarheit zu bekommen.

Sehr leicht ist die Schleim-Epidermis zu sehen. Man legt einige
Schnitte in Tuscheverreibung (vergl. oben p. 24) und beobachtet bei

schwacher Vergrößerung nach 1—2 Minuten das Auftreten des hellen Saums um die Präparate, welcher durch das Aufquellen des Schleims entsteht.

Um die Collenchymschicht zu untersuchen, empfiehlt es sich, andere dünne Schnitte in Chloralhydrat zu betrachten. Insbesondere an den Enden dieser Schnitte kann man beobachten, daß zwischen der großzelligen Schleim-Epidermis und einer hellgelb gefärbten, wie aus aufrechten Stäbchen (partiell verdickte radiäre Membranen) gebildeten Zellschicht ziemlich große farblose Zellen liegen, deren Wände in den körperlichen Ecken knotig verdickt sind. Dies ist das Collenchym. Häufig ist es unzweifelhaft zweischichtig, an vielen Stellen aber ist auch die eine Zellage soviel stärker als die andere, daß es den Eindruck der Einschichtigkeit macht.

Untersuchung der Pulver. — Insbesondere für das Auffinden der Schleimepidermis-Zellen in den Pulvern ist die Tuschereaktion ganz vortrefflich. Bringt man etwas Pulver in die Tusche, legt das Deckglas auf und betrachtet mit schwacher Vergrößerung, so verrät sich nach 1—2 Minuten jede Schleimzelle im Präparat als heller Fleck. Durch Drücken mit der Nadel auf das Deckglas kann man sich leicht von der zähen Konsistenz des farblosen Schleims überzeugen.

Die Struktur der Samenschale wird in Kalipräparaten untersucht. Da die größte Masse des Senfpulvers aus dem Embryonal-Gewebe besteht und da dieses mit Kalilauge sofort eine tiefgelbe Färbung annimmt, ändert das in die Lauge gebrachte Pulver seine Farbe sehr auffällig. — In allen Pulvern kann man bei Aufwendung der nötigen Geduld Fragmente finden, welche Querschnitte der Samenschale darstellen und die Collenchymschicht, nicht selten mit aller wünschenswerten Deutlichkeit, zeigen. Meist liegen die Samenschal-Fetzen aber auf ihrer breiten Fläche und stellen dann hellgelbe, dicht facettierte Schollen dar.

Semen Foenugraeci. — Bockshornſamen.

Die körnigrauhe Samenſchale umſchließt das glaſige, **aus Schleimzellen beſtehende Endoſperm,** in welchem der gelbe Keimling des **ſtärkefreien** Samens liegt.

Bockshornsamen ist im Handel: a) unzerkleinert; b) geschnitten (Sieb 3); c) grob gepulvert (Sieb 4—5); d) mittelfein gepulvert (Sieb 5).

Untersuchung des unzerkleinerten Samens. — Man fertigt
von einem trockenen Samen, welchen man zwischen Kork geklemmt
hat, Querschnitte (Fig. 104) an. Schon mit unbewaffnetem Auge ist
das den großen gelben Embryo umschließende Endosperm als eine
glasige, durchsichtige Haut erkennbar, welche. wenn der Keimling sich
ablöst, an der Samenschale hängen bleibt. Die Präparate werden in
Wasser bei schwächerer (100—150facher) Vergrößerung untersucht;
an ihnen markiert sich stark von der Samenschale die äußerste Makro-

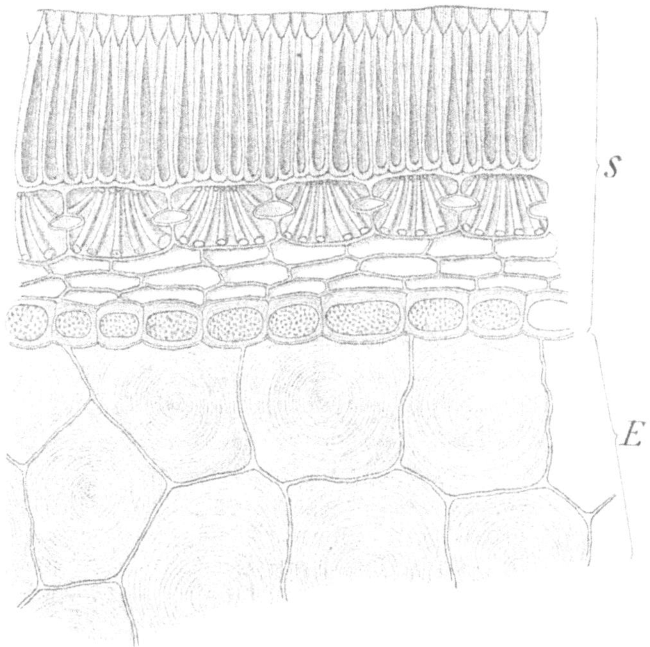

Fig. 104. **Semen foenugraeci.** Querschnitt durch die äußerste Partie des Samens.
Vergr. $^{385}/_1$. — S Samenschale: E Schleim-Endosperm.

sklereidenschicht, die Schicht der Trägerzellen und die Kleberschicht;
dann kommen sehr große, äußerst dünnwandige, farblose Zellen, welche
das Schleimendosperm darstellen. Daß sie Pflanzenschleim im Innern
enthalten, kann man manchmal an einer ganz feinen konzentrischen
Schichtung sehen; sicherer und sehr leicht ist der Nachweis des
Schleims mit Tusche (siehe oben p. 24). -- Die Stärkelosigkeit wird
an jedem Schnitt durch Zufügung von Jodlösung nachgewiesen.

Untersuchung der geschnittenen Droge. — Die Schnittform
des Bockshornsamens ist für die Herstellung von Präparaten durchaus

unhandlich. Es empfiehlt sich, die Untersuchung in der Weise zu machen, daß man die geschnittene Droge zunächst in einer Reibschale zu mittelfeiner Pulverform zerkleinert und mit dieser dann wie weiter angegeben verfährt.

Untersuchung der Pulver. — Da nur die Stärkelosigkeit und das Schleimendosperm vom Arzneibuch als Merkmale gefordert werden, genügen zwei sehr einfache Präparate. Zunächst bringe man etwas Pulver in Jod-Jodkaliumlösung. Diese färbt die gesamten Zellinhaltsbestandteile gelb bis braun, aber nicht blau.

Dann lege man von dem Pulver eine kleine Probe in Tusche. Es erscheinen sofort nach Auflegen des Deckglases durchsichtige Punkte, welche sich zu Flecken vergrößern. Unter dem Mikroskop ist durch Schieben am Deckglas leicht die zähe Konsistenz des Pflanzenschleims erkennbar.

Semen Lini. — Leinſamen.

Die Epidermis der Samenſchale beſteht aus Schleimzellen. Das dünne Endoſperm und der Keimling enthalten fettes Öl, jedoch keine Stärke.

Leinsamen wird gehandelt: a) unzerkleinert; b) geschnitten (Sieb 3—4); c) grob gepulvert (Sieb 4—5). Außerdem ist der Presskuchen, welcher bei der Leinölbereitung entfällt (placenta seminum lini) grob gepulvert (Sieb 4—5) im Handel.

Untersuchung der unzerkleinerten Samen. — Wegen seiner glatten Oberfläche lässt sich Leinsamen für das Schneiden nicht ganz leicht fixieren. Man fertigt Querschnitte durch Samen, welche man mit dem dicken Ende nach unten zwischen Kork geklemmt hat. Betrachtet man die Querschnitte (Fig. 105) in Wasser, so sieht man, dass die stark gequollene Epidermis der Samenschale aus hyalinen Zellen mit äußerst dünnen Radialwänden besteht, während Außen- und Innenwände wesentlich dicker sind. Vom Schleim sieht man in solchen Präparaten nichts. Dagegen überzeugt man sich durch Zusatz von Jodlösung leicht von der Stärkelosigkeit der mit Öltropfen reichlich versehenen regelmäßig gestalteten Parenchymzellen von Endosperm und Embryo.

Für die Tuschereaktion zum Nachweis des Schleims ist Leinsamen

ein geradezu klassisches Objekt. Jedes Fragment der Samenschale
umgibt sich in Tusche sofort mit einer breiten, hyalinen Zone, die
beim Bewegen des Deckglases zäh am Objekt hängt (vergl. p. 24).

Untersuchung der geschnittenen Samen. — In der geschnittenen Droge sind einerseits noch so reichlich intakte Samen vor-

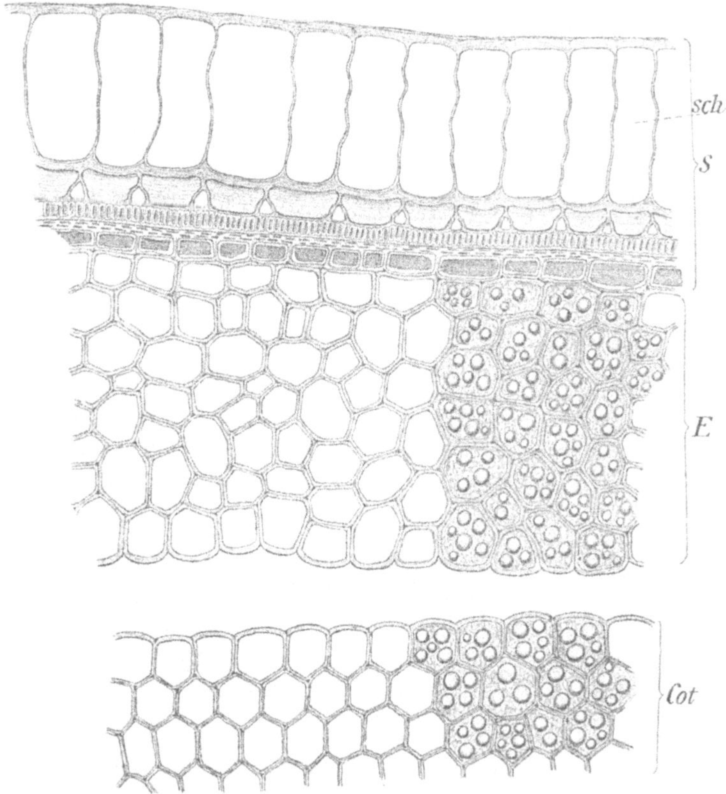

Fig. 105. **Semen Lini.** Querschnitt durch die äußeren Partien des Samens. Vergr. $^{256}/_1$. —
S Samenschale; E Endosperm; Cot Cotyledolargewebe; sch Schleimepidermis.

handen, daß die Untersuchung derselben mittels mikroskopischer
Schnitte leicht fällt, anderseits kann diese Drogenform ohne Schwierigkeit in der Reibschale zu Pulver zerkleinert werden.

Untersuchung der Pulver. — Sowohl die Jod- wie die Tuschereaktion ist an Pulverpräparaten ebenso leicht zu erhalten, wie an
mikroskopischen Schnitten.

Semen Myristicae. — Muskatnuß.

Die Querschnittfläche der Droge läßt in dem Fett und Stärke führenden Endosperm die braunen, aromatisches Sekret führenden Leisten von Ruminationsgewebe erkennen.

Muskatnuß wird gehandelt: a) unzerkleinert; b) grob gepulvert (Sieb 4—5); c) fein gepulvert (Sieb 6). — Alle Pulver werden aus technischen Gründen unter Zusatz von Zucker hergestellt.

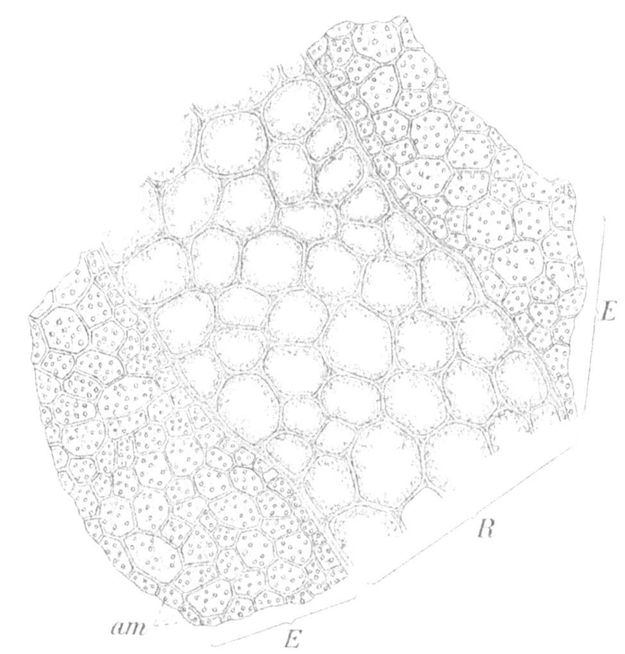

Fig. 106. **Semen Myristicae.** Querschnitt durch das zerklüftete Endosperm. Vergr. $^{110}/_1$. — E Endosperm; R Ruminationsgewebe; am Stärkekörner.

Untersuchung der unzerkleinerten Droge. — Bekanntlich sind die in das Endosperm vom *Myristica* eindringenden und dasselbe zerklüftenden, tief braunen Leisten von Ruminationsgewebe mit unbewaffnetem Auge leicht sichtbar. Das Arzneibuch verlangt allein die nur auf mikroskopischem Weg erzielbare Verteilung der hauptsächlichsten Bestandteile auf die verschiedenen Gewebe. Zu diesem Zweck fertigt man Querschnitte (Fig. 106) welche sowohl das helle Endosperm, wie auch das dunkelbraune Ruminationsgewebe umfassen.

Einen Schnitt lege man in Jod-Jodkaliumlösung. Die in den Endospermzellen vorhandene Stärke färbt sich erst blau dann schwarz. — Das Fett wird am leichtesten dadurch nachgewiesen, daß man einen andern Schnitt auf dem Objektträger in Wasser aufkocht, erkalten läßt und Alkannatinktur zufügt. Während das Fett in den Zellen sich mit diesem Farbstoff nur sehr langsam tingiert, nehmen die durch das Kochen herausgeschmolzenen Fettropfen die rote Farbe sehr rasch und prägnant an. — Da im Endospermgewebe keine Ölzellen sichtbar sind, ätherisches Öl aber in großen Mengen vorhanden ist, muß dasselbe im Ruminationsgewebe seinen Sitz haben. Direkt zu sehen ist es nur in Ausnahmefällen.

Untersuchung der Pulver. — Man übergieße die zu untersuchende Probe zunächst im Uhrschälchen mit Wasser und lasse eine halbe Stunde stehen, um den beigemengten Zucker zu entfernen. Dann fertige man Präparate in Jod-Jodkaliumlösung und nach einmaligem Aufkochen auf dem Objektträger solche in Alkannatinktur. Die Fragmente des Ruminationsgewebes verraten sich durch ihre dunkle Farbe auch im Pulver schon dem unbewaffneten Auge oder der Lupe.

Semen Papaveris. — Mohnsamen.

Innerhalb des weißen Endosperms liegt ein gebogener Keimling.

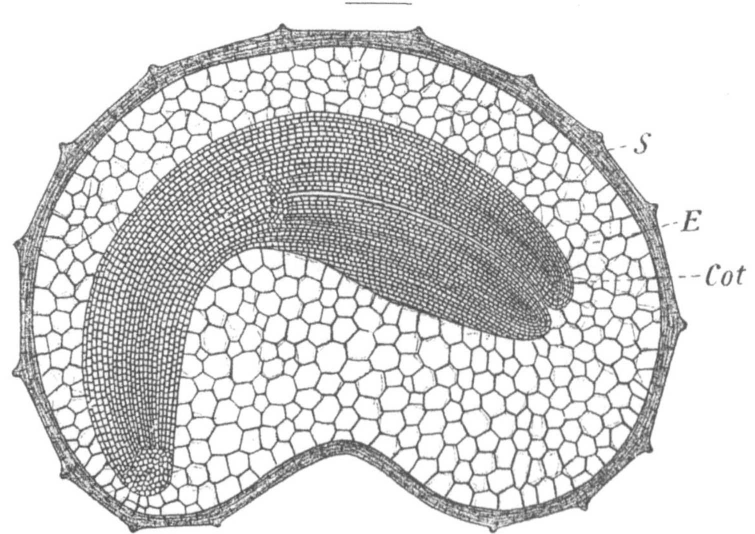

Fig. 107. **Semen Papaveris.** Flächenschnitt durch die Mitte des Samens. Vergr. 115/1. — S Samenschale; E Endosperm; Cot Embryo.

Mohnsamen in seiner weißen, offizinellen Varietät wird nur unzerkleinert gehandelt; der zu Küchenzwecken in manchen Gegenden
käufliche gemahlene Mohn wird aus der blauschwarzen Samenform
hergestellt und hat keine pharmazeutische Wichtigkeit.

Untersuchung der Mohnsamen. — Die Oberfläche der Samen
ist mit einem schon bei Lupenbetrachtung deutlichen Maschennetz versehen. Man braucht, um die Lage und Gestalt des Embryo zu sehen,
Schnitte, welche längs durch die Mitte der abgeflachten, nierenförmigen
Samen gehen (Fig. 107). Um solche herzustellen, bette man eine Anzahl Samen in Paraffin (vergl. oben pg. 23) derart ein, daß sie eine
Flachseite nach oben liegen haben, schneide die obersten Lagen der
Samenschale und des Endosperms ab und lege diejenigen Schnitte, in
welchen die Lupe den Keimling zeigt, in Chloralhydrat ein. Bei Betrachtung mit ganz schwacher (30—50fach) Vergrößerung ist Samenschale, ölhaltiges Endosperm und gekrümmter Embryo ohne weiteres
sichtbar.

Semen Sinapis. — Senffamen.

Senffamenpulver foll bei mikroffopifcher Betrachtung andere Elemente, als die der Droge eigentümlichen, nicht erkennen laffen, es foll
fich auch frei erweifen von Oxalatkriftallen und Stärkekörnern, und die
in Weingeift zu betrachtenden Aleuronkörner des Pulvers follen von
unregelmäßigen Umriffen, bis 0,008 mm breit und bis 0,017 mm lang
fein und zahlreiche, fehr kleine Globoide enthalten.

Senfsamenpulver wird gehandelt in den Formen: a) grobes
Pulver (Sieb 4—5) mit Öl; b) mittelfeines Pulver (Sieb 5) mit Öl;
c) grobes Pulver (Sieb 4—5) entölt; d) feines Pulver (Sieb 6)
entölt.

Untersuchung der Pulver. — Die Pulver werden zunächst
in Chloralhydrat untersucht (Fig. 108). Es fallen als massenhaft vorhandene Bestandteile auf zunächst helle Gewebefetzen, aus dünnwandigen, regelmäßig parenchymatischen Zellen gebildet, mit Öltropfen
in den Zellen; diese Partikel gehören dem Embryo an. Ferner sind
sehr auffällig große, braune bis gelbbraune Schollen von deutlich
facettierter Struktur, bei wechselnder Einstellung einen groß-wabigen
Bau aufweisend: die Fragmente der Samenschale in der Flächenansicht.
Seltener kommen zu Gesicht dickwandige Parenchymzellen mit dicht

gekörntem Inhalt (die Zellen der Kleberschicht) und noch seltener, meist undeutlich, sehr zarte, hyaline Zellfragmente oder kleine Schollen, welche Teile der Schleimepidermis darstellen.

Da die Aleuronkörner (Fig. 109) sowohl in Chloralhydrat wie auch in Wasser sofort desorganisiert werden, ist ihre Betrachtung in

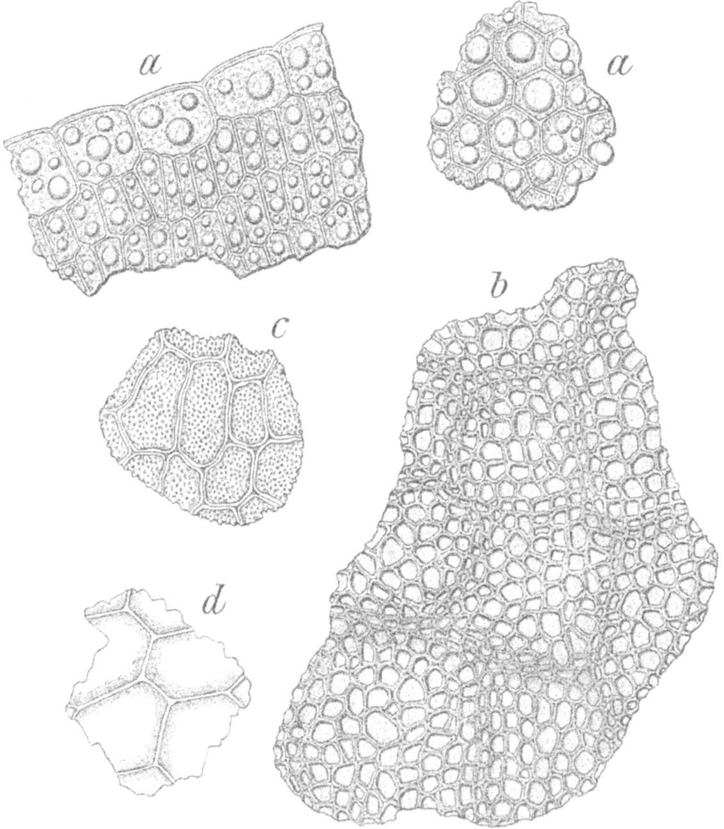

Fig. 108. **Semen Sinapis.** Normale Bestandteile des Pulvers. Vergr. $^{385}/_1$. — a Parenchym des Embryo; b Samenschale; c Zellen der Kleberschicht; d Fragment der Schleim-Epidermis.

Alkohol vorgeschrieben. Um sie zunächst kennen zu lernen, lege man etwas von dem Pulver in schwache alkoholische Jodlösung. Diese färbt die Aleuronkörner tief gelbbraun, läßt aber die Globoide derselben nur schlecht hervortreten. Hat man sich die Gestalt der Aleuronkörner eingeprägt, so untersuche man eine neue Probe des Pulvers in Alkohol (80—95 $^0/_0$); man wird auch hier die nun farblosen

Aleuronkörner wieder erkennen, eine Anzahl kleinster, kugeliger Körperchen in denselben eingeschlossen finden (die Globoide) und die vom Arzneibuch vorgeschriebene Messung (vergl. oben pg. 6) ausführen.

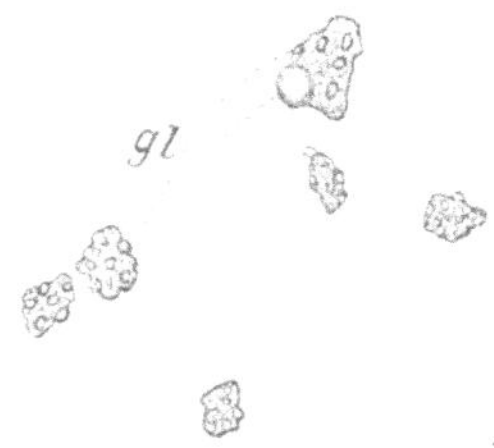

Fig. 109. **Semen Sinapis.** Aleuronkörner in Alkohol. Vergr. $^{385}/_1$. — gl. Globoide.

Semen Strophanthi. — Strophanthussamen.

Die dünne Samenschale besteht aus zusammengefallenen, dünnwandigen Zellen; nur die Epidermiszellen, aus deren Mitte die Haare entspringen, besitzen leistenförmig verdickte Radialwände. Das dünne weiße Endosperm und der weiße gerade Keimling sind, im reifen Samen, entweder stärkefrei oder sie enthalten rundliche, nicht über 0,008 mm große Stärkekörner. Oxalatdrusen soll das Gewebe des Keimlings nicht enthalten.

Strophanthussamen werden gehandelt: unzerkleinert (doch mit abgebrochener Fluggranne) und entölt als feines Pulver (Sieb 6).

Untersuchung der unzerkleinerten Samen. — Das wichtige Merkmal der Kombé-Sorte, daß die Haare, welche die Samen bedecken, aus der Mitte der Epidermiszellen und nicht einem Ende derselben genähert entspringen, kann nur auf Längsschnitten gesehen werden. Um solche anzufertigen, legt man einen der flachen, gestreckten Samen zwischen Hollundermark oder Kork derart ein, daß eine Längsseite nach oben steht und schneidet dünn.

Die Schnitte (Fig. 110) können in Chloralhydrat betrachtet werden. Alle Gewebe (Endosperm, Embryo) sind weiß bis auf die braune Samenschale mit ihren hellbraunen Haaren. Die Epidermiszellen der Samenschale sind sehr groß; das jeweils aus ihrer Mitte entspringende Haar, welches dem Samen anliegt, ist nur bei zufällig median getroffenen Zellen typisch sichtbar. Die Verdickung der Radialwände wird leicht erkannt. — Endosperm und Embryo bestehen aus gleichartigem, farblosem Gewebe, in welchem im Chloralhydrat-Präparat massenhaft Öltropfen sichtbar sind. — Die innern kleinen Zellen der Samenschale sind schwer zu unterscheiden.

Die vom Arzneibuch vorgeschriebene Untersuchung auf Stärkekörner und Messung etwa vorhandener (vergl. pg. 6) wird in ganz schwacher Jod-Jodkaliumlösung ausgeführt.

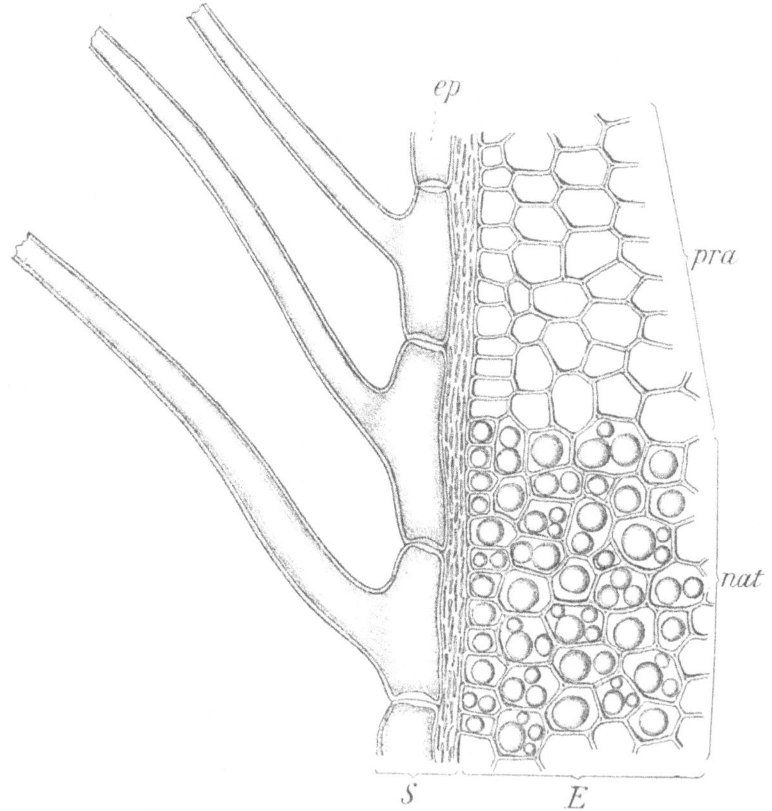

Fig. 110. **Semen Strophanthi.** Längsschnitt durch die äußern Teile des Samens. Vergr. 165/1. — S Samenschale; E Endosperm; nat Präparat nach kurzer Einwirkung von Chloralhydrat, mit Fettropfen; pra Fett durch längere Einwirkung des Chloralhydrats entfernt ep Epidermis.

Daß die Keimblätter flach sind, sieht man mit der Lupe auf einem Querschnitt durch den Samen.

Die Strophanthin-Reaktion (Grünfärbung eines Schnittes mit Schwefelsäure) muß mit konzentrierter Schwefelsäure ausgeführt werden. Wenn sie eintritt, ist sie mit unbewaffnetem Auge oder der Lupe ebensogut wie unter dem Mikroskop zu sehen.

Untersuchung des Pulvers. — Im Chloralhydrat-Präparat des Pulvers sind die kleinzelligen, farblosen Parenchymteile von Endosperm und Embryo, die flachen großen braunen Schollen der Samenschale und die zerbrochenen Haare sofort unterscheidbar. Über die Zusammensetzung der Samenschale aus den großen Epidermis- und den kleinen, zusammengedrückten Zellen der tiefern Schicht gewinnt man leicht Klarheit. Dagegen ist der Entstehungsort der Haare in der Mitte der Epidermiszellen nur in Ausnahmefällen, nach längerem Suchen, sicher konstatierbar. Die Verdickung der Radialwände der Epidermis ist an vielen Fragmenten unverkennbar.

Sehr schöne Resultate ergibt die Strophanthin-Reaktion bei Pulver, welches aus alkaloidreichem Samen gemahlen ist. Um das Zusammenballen des Pulvers im Präparat zu verhüten, breite man eine Probe desselben recht flach und dünn auf dem Objektträger aus, streiche dann mit einem Glasstab die k o n z e n t r i e r t e Schwefelsäure darüber, bedecke mit Deckglas und betrachte bei schwächerer (50—100fach) Vergrößerung. Die braunen Fragmente des Pulvers ändern ihre Farbe erst später in schwarz; die farblosen dagegen sollen sich rasch sehr ausgesprochen blaugrün färben.

Semen Strychni. — Brechnuß.

Die scheibenförmigen Samen bestehen aus einer **dünnen, mit** glänzenden, **schräg gestellten Haaren dicht besetzten Samenschale,** einem hornartigen Endosperm und einem ungefähr 7 mm langen Keimlinge. **Die dicken Wände der Endospermzellen sind ungetüpfelt; der Inhalt jener Zellen ist stärkefrei** und färbt sich beim Einlegen eines Schnittes des Endosperms in ein Tröpfchen rauchende Salpetersäure orangegelb.

Brechnuß wird gehandelt: a) unzerkleinert; b) geraspelt (Sieb 2); c) grob gepulvert (Sieb 4—5); d) fein gepulvert (Sieb 6).

Untersuchung der unzerkleinerten und geraspelten Droge. — Man schneidet von einem der großen Samen mit dem Skalpell so viel vom Rande ab, daß eine ausgedehnte Fläche des hornigen, bläulichweißen Endosperms sichtbar wird — oder beim geraspelten Samen: man suche sich ein Stück heraus, welches an dem bläulichen Endosperm noch die braune, haarige Samenschale trägt, schneide mit dem Skalpell eine Querschnittsfläche glatt —, befeuchte die Schnittfläche mit wenig Wasser, fertige dünne Querschnitte durch

Schale und Endospermwand (Fig. 111) und lege dieselben in Jod-Jod-kaliumlösung.

Bei Betrachtung mit schwacher oder mittelstarker Vergrößerung

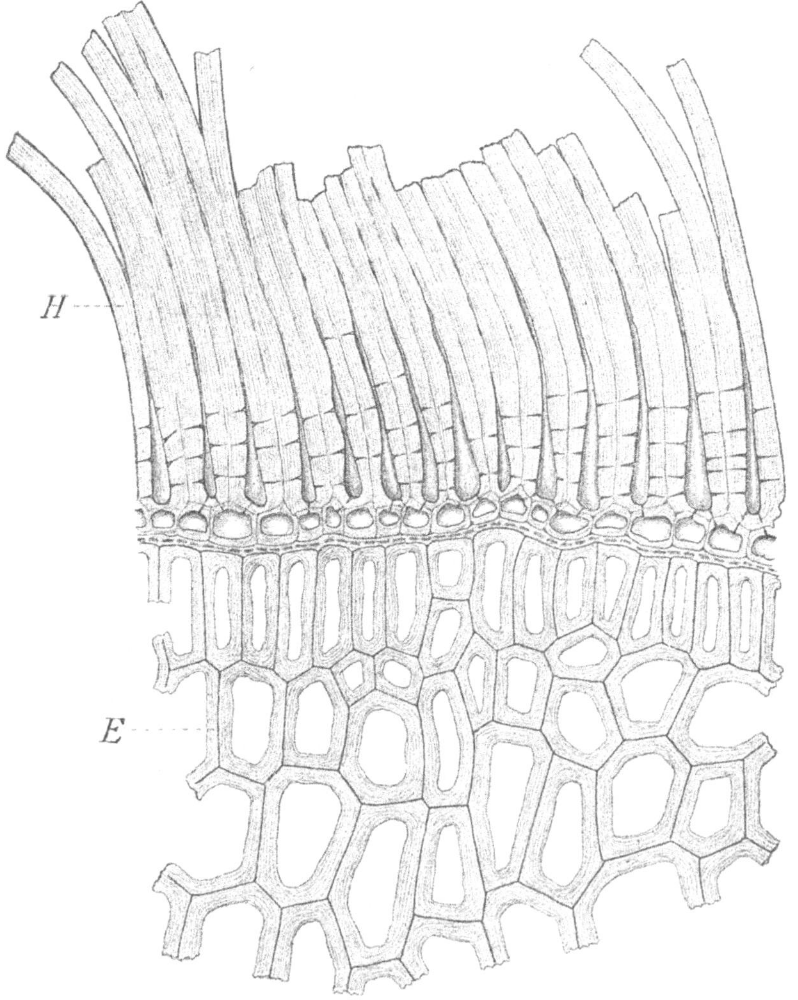

Fig. 111. **Semen Strychni.** Querschnitt durch die äußern Partien des Samens. Vergr. $^{385}/_1$.
— H Haarähnliche Bekleidung der Oberfläche; E Endosperm.

stellen die „Haare" der Samenschale sich als Bündel massiver Zylinder dar, besonders wo sie (was massenhaft vorkommt) sich vom Präparat losgelöst haben und in der Flüssigkeit schwimmen. Diese „Haare" bilden ursprünglich eine geschlossene palissadenartige Schicht langgestreckter Zellen, welche über ihrer verdickten Basis knieförmig gebogen sind. An der Handelsware zerfasern und spalten sich diese Zellen in ihrem obern Teil und nehmen dadurch den haarartigen Charakter an.

Das Endosperm zeigt die Verdickung seiner Zellen im Jodpräparat dadurch sehr deutlich, daß die Zellinhalte braun gefärbt werden. Im Präparat ist also alles durchsichtig-farblose oder hellgelb gefärbte Zellwand; die Intercellularlinien sind oft deutlicher zu sehen als die Zellwände selbst.

Die Alkaloid-Reaktion mit Salpetersäure kann ebensogut makroskopisch wie mikroskopisch gemacht werden.

Untersuchung der Pulver. — Jod-Jodkaliumpräparate zeigen die vom Arzneibuch angegebenen Merkmale ohne weiteres. Sowohl die Fragmente der „Haare" (ohne Lumen!) wie auch die Fetzen des Endosperms sind unverkennbar.

Tubera Jalapae. — Jalapenwurzel.

Die Querbruchfläche, welche matt und weißlich erscheint, wenn das Stärkemehl der Droge nicht verquollen ist, harzig und dunkelbraun, wenn die Droge bei höherer Temperatur getrocknet wurde, ist durch zahlreiche, konzentrische, dunklere Linien und durch kleine, unregelmäßig verteilte Kreislinien gezeichnet, **von anomalen Cambien herrührend, welche Gefäßstränge nach innen, Siebstränge sowie Sekretzellen nach außen abscheiden.**

Jalapenwurzel wird gehandelt: a) unzerkleinert; b) fein geschnitten (Sieb 3); c) grob gepulvert (Sieb 4—5); d) fein gepulvert (Sieb 6).

Untersuchung der unzerkleinerten Droge. — Man schneide oder säge einen Knollen quer durch. Dadurch erscheinen die schon makroskopisch sichtbaren, vom Arzneibuch beschriebenen Linien und Kreise, welche bei Anfeuchtung der Schnittfläche noch deutlicher werden. Die Kreise sind die sekundär entstandenen konzentrischen Gefäßbündel; sie haben meist einen Durchmesser von 1—4 mm. Ein dunkler, makroskopisch sichtbarer Punkt in ihrer Mitte stellt eine zentrale Tracheengruppe dar.

Von der glatt geschnittenen und schwach mit Wasser angefeuchteten Fläche fertige man nun mikroskopische Schnitte derart, daß dünne Präparate von einem oder mehreren dieser Kreise gewonnen werden. Dies ist mit keinen Schwierigkeiten verbunden. —

Die Schnitte legt man, behufs Wegschaffung der massenhaft vorhandenen
Stärke, in Kalilauge ein und untersucht mit schwacher oder mittelstarker Vergrößerung.

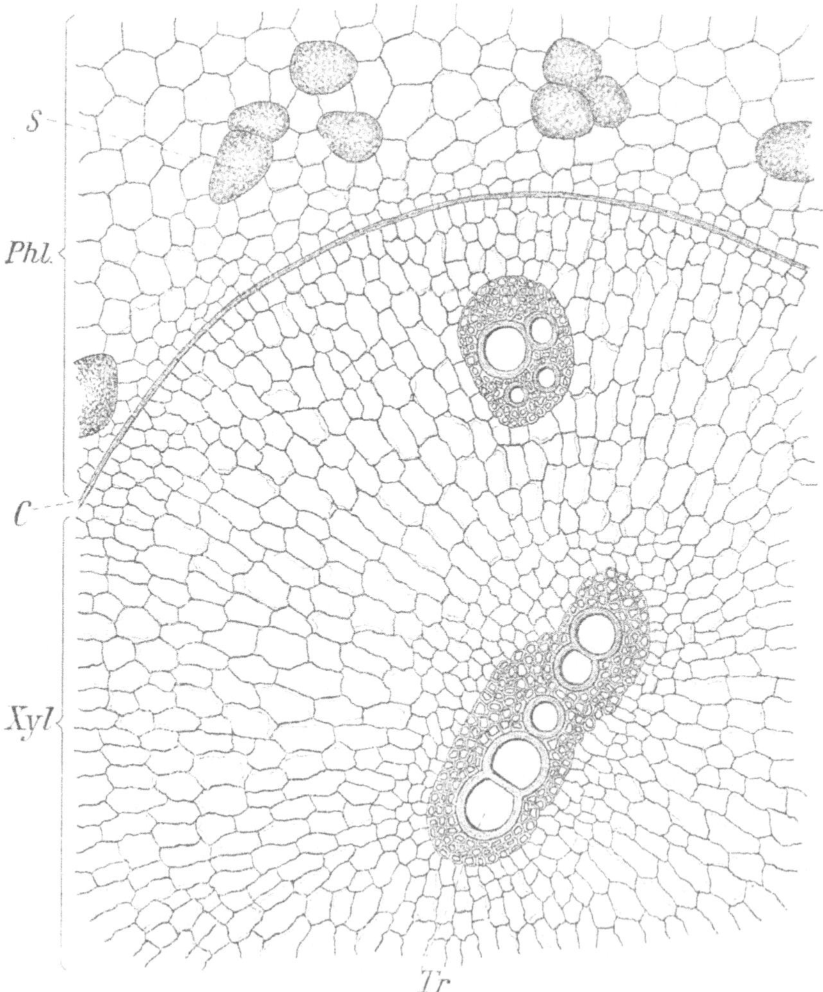

Fig 112. **Tubera Jalapae.** Querschnitt durch ein sekundäres Gefäßbündel. Vergr. $^{115}/_1$. —
Phl Phloëm; C Cambium; Xyl Xylem ; S Sekretzellen; Tr Gefäße.

Im Präparat (Fig. 112) erscheinen die sekundären Cambien,
welche die Kreise bilden, als mattweiße, breite Linien; außerhalb derselben ist Parenchym gelegen, welches große Zellen mit einem im Kali-

präparat gelben Inhalt zerstreut enthält. Diese gelben Zellen sind die vom sekundären Cambium nach außen gebildeten Harzzellen. Siebröhren sieht man nur ausnahmsweise; meist ist das Parenchym (bis auf die Harzzellen) nicht weiter differenziert.

Auch im Innern der ringförmigen Cambien ist gleichartiges Parenchym mit schön radialer Anordnung der Zellen vorhanden, außerdem stets im Zentrum des Kreises eine Tracheengruppe mit anliegendem Mantel von kleinen, dickwandigen Zellen. Häufig sind auch noch weitere (1—4) kleinere Tracheengruppen (gleichfalls mit dickwandigen Zellen umgeben) mehr nach außen zu vorhanden.

Untersuchung der geschnittenen Droge. — In der geschnittenen Wurzel unterscheidet man schon durch die dunklere Farbe leicht diejenigen Partikel, welche der Peripherie der Knollen angehörten, von den weißgrauen aus den innern Teilen stammenden. Gewöhnlich wird man die dunklen Fragmente unberücksichtigt lassen können; unter den helleren sucht man makroskopisch nach Fragmenten, welche irgendwo nach außen eine kugelartig gewölbte Fläche haben. Oft sieht das gesuchte Objekt aus, als ob eine kleine Erbse in das Wurzelgewebe eingebacken sei. Diese Stellen sind die geeigneten, weil Querschnitte (zwischen Kork anzufertigen) die gesuchten Bilder ergeben. — Findet man keine Kugelflächen, so durchsuche man zunächst die hellen, dann auch die dunkleren Fragmente mit der Lupe nach Kreislinien, welche gleichfalls die sekundären Gefäßbündel anzeigen.

Untersuchung der Pulver. — In den Pulvern sind zwar die einzelnen Elemente der Droge sehr gut erkennbar, die Anordnung derselben aber, auf welche das Arzneibuch hauptsächlich Gewicht legt, ist nicht mehr zu beobachten. Die Hauptmasse der Pulver wird gebildet von dünnwandigem Parenchym, verkleisterten und unverkleisterten großen, einfachen oder zu wenigen Gliedern zusammengesetzten, im Innern zerklüfteten Stärkekörnern, Tracheenfragmenten, durch ihre gelbe Farbe auffallenden Harzzellen und braunen bis schwarzbraunen Schollen des Korkgewebes.

Tubera Salep. — Salep.

Setzt man, bei gleichzeitiger mikroskopischer Betrachtung, dem weißlichen Saleppulver eine hellbräunliche, wässerige Jodlösung zu, so färben sich die großen Schleimzellen braunrot, ehe sie verquellen,

während die Massen der völlig verquollenen Stärkekörner sich blau
färben.

———

Außer dem unzerkleinerten Salep, dessen mikroskopische
Untersuchung das Arzneibuch nicht vorschreibt, werden von der Droge
folgende Formen gehandelt: a) Griesform (Sieb 4); b) mittelfeines
Pulver (Sieb 5); c) feines Pulver (Sieb 6).

Ueber den anatomischen Bau der Gewebe, welche das Saleppulver bilden, gewinnt man durch vorherige Untersuchung eines Schnittes
durch die unzerkleinerte Droge (Fig. 113) die wünschenswerte Klarheit.

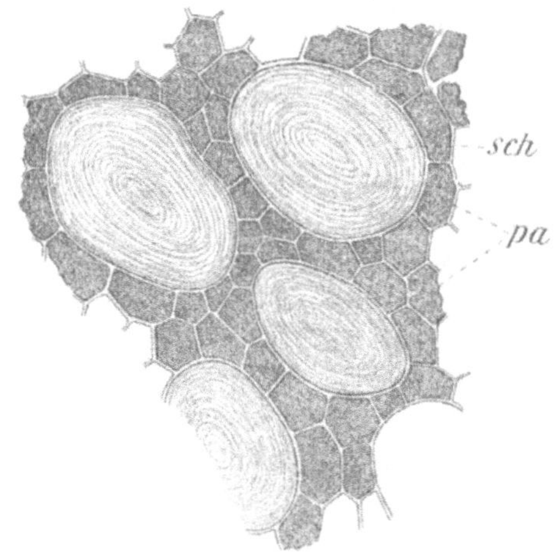

Fig. 113. **Tubera Salep.** Querschnitt durch einen verkleisterten Knollen, mit Jod behandelt.
Vergr. $^{75}/_1$. — Sch Schleimzellen; pa mit Stärke erfüllte Parenchymzellen.

Man schneide mit keilförmig geschliffenem Rasiermesser
ein Bruchstück der äußerst harten Droge irgendwo flach, befeuchte die
Stelle wenig mit Wasser und hebe dann dünne mikroskopische
Schnitte ab. Diese lege man in Jodlösung und betrachte bei schwacher
Vergrößerung.

Die von verkleisterter Stärke erfüllten Parenchymzellen bilden
nun tief schwarze Rahmen, welche die massenhaften, sehr großen,
braungelb gefärbten, häufig im Innern sehr deutlich geschichteten
Schleimzellen einfassen.

Untersuchung der Pulver. — Die Angaben des Arzneibuchs
über das Verhalten der Pulver zu Jodlösung sind nur für die Griesform und das mittelfeine Pulver zutreffend, weil nur diese Formen
noch die Schleimzellen intakt erhalten. Die Bilder, welche diese

Pulverformen ergeben, decken sich durchaus mit unserer Figur 113, weil den Schleimzellen an vielen Stellen noch Stärkeparenchym anhaftet.

Im feinen Pulver sind alle Elemente durchaus zermahlen; insbesondere konnte ich intakte Schleimzellen nicht mehr vorfinden. Das Aufquellen von Fragmenten derselben ist viel leichter in Tusche (vergl. oben p. 24) als in Jodlösung zu beobachten.

Man achte darauf, daß die braunrote Färbung des Schleimes nur dann schön eintritt, wenn man ziemlich konzentrierte (also braune, nicht gelbe) Jodlösung als Reagens benutzt.

Druck von Albert Damcke, Berlin-Schöneberg.